新疆奎屯河流域高砷高氟地下水生物地球化学机理研究

李巧　陶洪飞　刘亚楠　江宇威 等　著

中国水利水电出版社
www.waterpub.com.cn
·北京·

内 容 提 要

本书在分析新疆奎屯河流域地下水及沉积物物理化学特征的基础上，针对流域内高砷地下水威胁部分居民饮用水安全问题，查明该区地下水环境质量及高砷地下水的空间分布特征；研究含水层沉积物地球化学特征及其对沉积物，地下水砷、氟含量的影响，探究地下水及沉积物特征对含水层砷、氟的影响；通过高通量测序技术，获取研究区地下含水层中微生物群落信息，探究微生物群落组成与微生物结构特征对含水系统中砷的影响。通过野外调查并结合理论分析，探究影响高砷高氟地下水形成的主要因素。

本书可供从事水文地球化学、环境科学、环境工程、水文水资源等专业的工程技术人员、科研人员及相关专业院校的师生使用和参考。

图书在版编目（CIP）数据

新疆奎屯河流域高砷高氟地下水生物地球化学机理研究 / 李巧等著. -- 北京 : 中国水利水电出版社, 2022.10
ISBN 978-7-5226-0803-7

Ⅰ. ①新… Ⅱ. ①李… Ⅲ. ①地下水－淡水生物－生物地球化学－研究－新疆 Ⅳ. ①P593

中国版本图书馆CIP数据核字(2022)第176406号

书　　名	新疆奎屯河流域高砷高氟地下水生物地球化学机理研究 XINJIANG KUITUN HE LIUYU GAO SHEN GAO FU DIXIASHUI SHENGWU DIQIU HUAXUE JILI YANJIU
作　　者	李巧　陶洪飞　刘亚楠　江宇威　等著
出版发行	中国水利水电出版社 （北京市海淀区玉渊潭南路1号D座　100038） 网址：www.waterpub.com.cn E-mail：sales@mwr.gov.cn 电话：(010) 68545888（营销中心）
经　　售	北京科水图书销售有限公司 电话：(010) 68545874、63202643 全国各地新华书店和相关出版物销售网点
排　　版	中国水利水电出版社微机排版中心
印　　刷	清淞永业（天津）印刷有限公司
规　　格	170mm×240mm　16开本　9.25印张　182千字
版　　次	2022年10月第1版　2022年10月第1次印刷
定　　价	58.00元

前　言

本书是以新疆农业大学承担的国家自然科学基金项目"原生高砷地下水氮素特征及其对砷的生物地球化学作用机理"、新疆维吾尔自治区自然科学基金项目"乌苏市砷影响区地下水水化学空间演化特征研究"及新疆维吾尔自治区科学技术厅青年博士科技人才培养项目"奎屯河流域生物地球化学作用下地下水砷富集机理"为依托，总结成果而成。

原生高砷地下水（砷含量大于 $10\mu g/L$）、高氟地下水（氟含量大于 $1mg/L$）是国际社会广泛关注的环境地质问题。新疆高砷、高氟地下水主要分布在奎屯河流域的细土平原区，该区位于新疆准噶尔盆地南缘，高砷、高氟地下水属于原生，产生于平原第四纪地层中，含量高、面积大，举世罕见，因此具有其特殊性，且有一定代表性。深入研究高砷、高氟地下水的空间分布、水文地球化学、沉积物物理化学及微生物群落结构对砷、氟在地下水中迁移富集的影响，对提高该区高砷、高氟地下水的研究水平有着积极作用，同时也对因地制宜地开展高砷、高氟地下水地区的饮水安全保障工作具有重要的现实意义。基于上述考虑，本书以奎屯河流域为研究区域，首先，通过水文地质条件的调查及研究区不同区域水土样品化学组分的分析，探讨地下水化学特征及水环境质量；然后，研究水土物理化学特征对地下水砷、氟迁移转化过程的影响；最后，分析研究区域地下水系统（地下水、沉积物）中的微生物群落特征、地下水系统中微生物多样性及其与环境参数之间的关系，得出在微生物影响下砷的迁移转化机理。

本书共 10 章，主要内容包括：绪论、奎屯河流域概况、区域地下水化学特征、含水层沉积物特征、地下水质量评价、高砷地下水空间分布及水文地球影响因素、高氟地下水空间分布及水文地球影响因素、地下水中微生物种群结构与地下水砷的相关性、沉积物中微生物种群结构特征对含水系统砷的影响、结论及展望。

本书由李巧、陶洪飞、刘亚楠、江宇威、张艳娇等合作完成。其中第1～4章及第10章由李巧执笔；第5章、第6章由陶洪飞、江宇威执笔；第7章、第8章由刘亚楠执笔；第9章由张艳娇执笔。

本书在编写过程中查阅并引用了大量的期刊论文、专著和报告资料，且得到了多位同仁的支持和帮助，在此谨向有关作者和单位表示诚挚的谢意。杨静茹、陈婷、张燕燕等参加了书稿的整理和内容的讨论，并对全稿进行了校对，本书也倾注了他们的辛勤劳动，在此表示感谢。

奎屯河流域原生高砷、高氟地下水富集受到水文地球化学、沉积物及微生物等方面的影响，还有很多需要进一步研究的内容，本书仅仅是其中粗浅的认识和实践。限于学识水平和工作经验，书中不当之处在所难免，敬请批评指正。

作者

2022 年 7 月

目 录

第1章 绪 论

1.1 选题依据

本书以新疆农业大学承担的国家自然科学基金项目"原生高砷地下水氮素特征及其对砷的生物地球化学作用机理"、新疆维吾尔自治区自然科学基金项目"乌苏市砷影响区地下水水化学空间演化特征研究"及新疆维吾尔自治区科学技术厅青年博士科技人才培养项目"奎屯河流域生物地球化学作用下地下水砷富集机理"为依托,总结新疆奎屯河流域地下水、沉积物生物地球化学特征及高砷高氟地下水形成机理相关成果完成。

砷(As)具有慢性毒性,地下水中天然存在的砷可能影响着数千万人的身体健康[1]。砷及其化合物被国际癌症研究机构认为是Ⅰ类致癌物质[2]。长期食用高砷地下水会损害人畜身体健康、引发慢性砷中毒,易导致皮肤、肾脏、肝脏、神经、呼吸、骨骼等系统发生病变[3-4],进而引起皮肤癌、膀胱癌、肝癌等疾病[5]。高砷水不仅给我们自己带来危害,也会影响下一代,孕期食用高砷水对胎儿生长发育有负面影响,砷可能通过多种生物学机制缩短妊娠时间,或引起炎症和胎盘异常等症状[6]。因此,世卫组织(WHO)与我国地下水质量标准都规定砷在地下水中的最大值为 $10\mu g/L$[7-8]。原生高砷地下水是一个世界性的重大环境地质问题,砷主要赋存于多种岩石矿物中,受生物化学条件的影响,会迁移进入地下水中,导致地下水中砷浓度升高,对以地下水为主要饮用水源的国家与地区构成严重威胁。全球天然地质成因的高砷地下水分布广泛,包括亚洲、欧洲、北美洲、南美洲、非洲、大洋洲等境内的 70 多个国家,其中,亚洲地区受砷影响比较严重[9]。孟加拉国高达 3000 万人受到高砷水威胁,我国约有 230 万人生活在砷影响区[10]。内蒙古、山西、新疆、宁夏、吉林、安徽等地受其影响较为严重[11]。随着人类冶金、采矿和燃煤等工业的发展以及含砷农药的使用[12-13],大量的砷被释放到环境中,也会造成局部地区砷污染。

奎屯河流域的大部分位于新疆维吾尔自治区乌苏市,近年来该区逐渐形成了棉纺、煤炭、化工、农业等多角度、全方位发展的趋势,在北疆地区具有很大的发展潜力。乌苏市奎屯垦区是自治区优质棉花的重要生产基地,以棉花、小麦、玉米、甜菜、瓜果为主要农作物,2018 年种植棉花为 175.67 万亩,产棉为 9.8 万 t 以上[11]。农业灌溉首先引用地表水,当地表水供水不足时或无配置地表水的灌区由管井开采地下水供水;城市(镇)供水、居民生活及工业用水部分开采地下水,地下水开采强度较大。

20 世纪 80 年代,在新疆奎屯地区发现了地方性砷中毒,地下水中砷浓度高达 850μg/L[14]。罗艳丽等[15]在 2006 年以奎屯 123 团为例,对此区域地下水进行砷污染调查与评价,报告指出自流井水中砷质量浓度为 70~830μg/L。部分居民饮用自流的高砷地下水后,产生了慢性砷中毒。目前,虽然政府已通过改水工程使人们逐渐放弃饮用自流井水[16],但由于社会经济发展,工业与农业需要的水资源量呈递增趋势,新疆位于干旱区,地表水资源匮乏,开采地下水用作农业灌溉,使得砷在含水层中的迁移和富集,导致局部地区地下水中砷浓度升高,依然影响当地人的身体健康。

氟是人体所需的一种重要微量元素,然而长期摄入过量氟则会引发一种慢性全身性疾病——地氟病,症状主要表现为氟斑牙和氟骨症,在我国以及世界各国,如印度、南非等都有发生[17-18]。当地下水作为饮用水的主要来源时,其氟含量超标则可能引起地氟病,从而影响当地居民健康状况。世卫组织规定的饮用水标准中氟含量上限为 1.5mg/L[7]。我国《生活饮用水卫生标准》(GB 5749—2006)[19]和《地下水质量标准》(GB/T 14848—2017)[6]中规定,饮用水中氟质量浓度不得超过 1.0mg/L。同地砷病类似,地氟病的病因也多为饮水型。

2015 年,周旭莉[20]结合奎屯河流域行政区划,在地理信息系统技术的支持下,分析高氟水与氟斑牙患病率的空间分布规律,得到奎屯河流域饮用水中氟含量由南至北随海拔的降低呈增加的趋势,氟斑牙患病率与饮用水中氟含量呈显著正相关,解决当地饮水问题迫在眉睫,并根据本地实地情况提出了一些适合本流域降氟改水的措施。2019 年,戴志鹏等[21]以新疆奎屯地区为研究区域,测定了该地区 95 个水样中氟的含量和主要水化学因子。结果表明,奎屯河地表水为低砷、低氟水,地下水中高氟水占 28.41%。该地区高氟地下水主要分布在奎屯河流域下游的西北部和中北部。高氟岩石是奎屯河流域地下水中氟的原生来源,水文地质环境和强烈的蒸发使地下水中的氟逐渐富集,地下水的碱性和还原环境有利于含水层中氟的释放。

据新疆农业大学地下水课题组 2003—2019 年地下水水质调查与评价成果[22-24],并综合近期期刊文献资料[25-26]及 2014 年新疆塔里木盆地、准噶尔盆地地下水污染调查资料,新疆高砷、高氟地下水主要分布在奎屯河流域的细土平原区。该区位于新疆准噶尔盆地南缘,地理坐标为北纬 44°40′~45°05′,东经 84°15′~84°50′,此区的高砷地下水属于原生,产生于平原第四纪地层中,含量高、面积大,举世罕见,因此具有其特殊性,且有一定代表性。经过 20 余年的防病改水工作,新疆高砷、高氟地下水区饮水水质得到了很大的改善。但是,由于新疆地域广阔，部分地区仍存在居民饮用高砷、高氟水的状况，严重影响当地居民的身体健康。

多年来国内外的专家对于地下水系统中原生高砷高氟地下水的分布及特点、赋存环境及砷氟的来源、砷氟的分析方法和技术、地下水中砷氟的富集机理、高砷、高氟地下水影响区饮用水安全保障技术等方面做了大量的研究，在我国以往的研究中对内蒙古地区、山西地区及江汉平原高砷地下水赋存环境及地下水中砷的来源及砷的迁移和富集的地球化学过程和生物地球化学过程等方面进行了较为全面的研究[27-31]。地下水砷富集机制的主要观点包括磷酸根、碳酸氢根与砷的竞争吸附[32-33]，五价砷 As（V）还原为三价砷 As（Ⅲ）而释放砷[34]，含砷硫化物的氧化以及铁氧化物还原溶解等[35]。地下水氟的来源主要是含氟矿物的溶解，常见的含氟矿物有萤石、氟镁石、氟磷灰石、冰晶石以及黄玉等[36]。在存在竞争阴离子的碱性环境中，地下水中较高的 pH 值会使矿物表面分布有更多负电荷，不利于氟的吸附，同时吸附在矿物表面的氟由于阴离子（包括 OH^-）的竞争吸附而解吸，释放到地下水中[37]。在干旱半干旱地区，强烈的蒸发浓缩作用促进地下水中氟离子的富集[38-40]。强烈的蒸发作用不但能够提高地下水中溶质的浓度，还会触发方解石的沉淀，降低地下水中 Ca^{2+} 的浓度，从而有利于萤石的溶解[41-42]。另外，阳离子的交换吸附作用导致地下水中 Ca^{2+} 的减少，也有利于萤石的溶解[43]。

不同区域砷氟的富集机制在一定程度上存在差异。尽管前人的研究对新疆奎屯河流域地下水中砷氟质量浓度、土壤中砷氟分布和健康效应等开展了初步调查和研究，但是对于该区高砷、高氟地下水的迁移富集机理仍缺乏足够的研究。除前人在其他高砷、高氟区研究提到的地球化学影响因素外，微生物对砷氟在地下水中的富集也有重要影响。微生物不仅对地下水中砷氟的氧化还原反应有较大影响，还对砷氟的迁移过程有一定的贡献[44]。地表的氮肥经过淋滤作用进入地下水中，有些微生物在地下水中能够促进硝化作用的转化，将 N 元素转化为 NO_3^-；或者驱动氨化作用将 NO_3^- 转化为 NH_4^+，地下水中元素循环的过程中也同样增加了微生物活性，进而加速了腐殖质的形成，为微生物提供了良好的环境[45]。在含水系统中，微生物能结合多种酶直接催化砷的迁移与富集，并且通过物质循环改变环境条件，间接影响地下水中的化学组成，造成砷形态的改变[46]。研究自然界中与砷代谢有关的微生物，分析研究流域含水系统中微生物的组成、群落结构特征以及与微生物所处环境的影响，探究高砷含水系统微生物群落特征与地下水化学环境因素之间的关系，对该地区的饮水安全保障工作有一定的指导意义。本书以奎屯河流域为研究区域，首先，通过水文地质条件的调查及研究区不同区域水土样品化学组分的分析，探讨地下水化学特征及水环境质量；然后，研究水土物理化学特征对地下水砷氟迁移转化过程的影响；最后，分析研究区地下水系统（地下水、沉积物）中的微生物群落特征及地下水系统中微生物多样性及其与环境参数之间的关系，得出在微生物影响下砷的迁移转化作用。研究成果对提高该区高砷、高氟地下水的研究水平有着积极作用，同时也对因地制宜地开展高砷、高氟地下水地区的饮水安全保障工作具有重要的现实意义。

1.2　国内外高砷、高氟地下水研究现状

1.2.1　高砷地下水的空间分布

高砷地下水分布于亚洲、欧洲、北美洲、南美洲、非洲、大洋洲境内等 70 多个国家，230 多个区域。初步统计可知，全世界饮水中砷含量超过 $10\mu g/L$ 的人口约为 13 亿，其中饮水中砷含量超过 $50\mu g/L$ 的人口可达 5700 万[9]。

（1）亚洲。在南亚，高砷地下水主要分布于孟加拉盆地、恒河平原、布拉马普特拉河平原和印度河平原[12]；在东南亚，高砷地下水主要分布于越南红河三角洲、越南—柬埔寨—老挝的湄公河冲洪积平原、伊洛瓦底江三角洲等；在我国，高砷地下水主要分布在内蒙古、新疆、山西、吉林、江苏、安徽、山东、河南、湖南、云南、贵州和台湾等省（自治区）的 40 个县（市、区）[47]。

（2）欧洲。高砷地下水主要存在匈牙利以及罗马尼亚、斯洛文尼亚和克罗地亚周边地区；芬兰基岩裂隙含水层；德国巴伐利亚州的 Frankonia 地区和下萨克森州的索灵山地区；英国砂岩含水层；法国中央高原、孚日山脉、比利牛斯山脉附近和阿基坦和中央区域的沉积盆地；西班牙马德里盆地和杜罗河盆地；意大利 Po 河盆地的冲积平原含水层；希腊北部萨洛尼卡省内。

（3）北美洲。高砷地下水存在于美国西南部盆岭区的冲积盆地；哈得逊湾—大湖地区冰积和冲冰积含水层；新英格兰、威斯康星州西部、俄克拉荷马州和宾夕法尼亚州的砂岩含水层；华盛顿州的玄武岩含水层；加拿大新斯科舍省和墨西哥中部北部。

（4）南美洲。高砷地下水主要存在于安第斯火山、太平洋干旱滨海平原、亚马孙热带河盆地和半干旱 Chaco - Pampean 平原。

（5）非洲。在加纳、博茨瓦纳、喀麦隆、布基纳法索、埃塞俄比亚、乌干达和尼日利亚均发现高砷地下水。

（6）大洋洲。高砷地下水主要存在于西澳大利亚的珀斯和新南威尔士的 Stuarts Point 和新西兰北岛中部的火山高原地热中。

按照来源分类，地下水中的砷元素来源可分为自然源和人为源两种。全世界高砷地下水分布类型主要分为三类[48]：①地热水相关的砷异常；②采矿活动导致砷的污染；③天然环境下特定的富砷含水层。此外，按照地下水所处的水

化学环境进行分类，高砷地下水又可划分为还原性-中性/弱碱性高砷地下水（Ⅰ型）、氧化性-弱碱性高砷地下水（Ⅱ型）以及氧化性-弱酸性高砷地下水（Ⅲ型）[49]。

地下水中砷的分布与水文地质背景有联系密切，地形、地貌、沉积的差异都会影响地下水中砷的含量。Cao 等[50]和孙丹阳等[51]研究表明，高砷地下水所处的区域与一些特定的地貌联系紧密，古堤岸以及河流相的沉积特征是区域高砷地下水出现的一个重要标志[52]。较为封闭的冲积或冲湖积平原、河流入湖或入海的三角洲地区以及古河道、古湖泊地区是现代水文地质环境中砷元素易为富集的区域。张扬等研究发现，内蒙古河套地区地下水中砷主要富集的区域为更新世晚期与全新世早期的古河床、湖泊形成的淤泥质含水层系。张恒星、汤洁等[53-54]研究表明，呼和浩特盆地地下水中砷的分布与湖沼相沉积环境有关，冲积、湖积环境中含量较高的粉砂泥质为高砷地下水的形成提供了充足的物质基础和反应空间。Polya、Buschmann 等[55-56]研究认为，地下水中砷的迁移和富集与地形坡度有关，在地形梯度较小的区域，由于地下水径流条件缓慢导致地下水中的砷元素长期滞留，造成地下水中砷的含量较高。Guo 等[57]研究表明，地表水-地下水相互作用强度不同也会影响地下水中砷的空间分布。地表沉积物渗透性越好，地下水的补给速率越快，地下水年龄也较小，地下水中砷的含量越低；反之，地表沉积物的渗透性差时，地下水的补给速率越慢，地下水年龄越大，受溶滤作用影响，地下水中砷元素不断累积，砷的浓度不断提高。Stute 等[58]研究也得出相同结论，认为地下水年龄以及地表沉积物的岩性影响着地下水中砷的分布。渗透性低的沉积物使得地下水垂向补给速率变缓，阻碍了地表水对地下水的补给。此外，还有一种观点认为地层沉积物中的有机物含量和有机物有效性与砷的空间分布紧密相关[59]，上覆地层中有机物含量越高，地层渗透性越强，相应的地下水中砷的浓度越高。这是因为在渗透性较强的地层，沉积物中的有机物容易释放到地下水中，导致含水层中砷的释放。

1.2.2　高氟地下水的空间分布

地方性氟病可以追溯到人类历史的远古时代，考古发现在旧石器时代就有氟斑牙的存在，中国魏晋时期嵇康所著成的《养生论》也写道"齿居晋而黄"，描述了氟斑牙的症状，可见地方性氟病对人类的危害自古有之[60]。自1930年以来，我国出现地氟病的报道，大概在20世纪60年代就有了很多关于地氟病的研究和预防措施。由于高氟饮用水而导致人民群众氟摄入量高引起的地氟病区在我国分布广泛，在34个省级行政区的20多个省均有分布，分布范围从东北的黑龙江省至华南的广东省。相较南方而言，高氟地下水引起的地氟病在我国北方干旱半干旱区分布最广且对当地人民群众的生理健康以及经济发展造成的影响更为严重[61]。全国范围内由北至南大致可划分为三个主要分布区，分别为干旱半干旱的北方分布区、南方高原分布区、东南沿海分布区。北方干旱半干旱区高氟地下水除分布于西北内陆干旱内流河流域与盆地外，主要分布在松嫩平原中部、河套平原、华北平原中东部渤海湾部分地区、关中盆地、运城盆地、大同盆地、准噶尔盆地等地[41,62-67]。南方高原分布区主要集中于云南、贵州等地[68]。东南沿海区域高氟地下水的分布较为分散，在福建[69]、浙江[70]均有发现。

研究发现，高氟地下水空间分布不均匀[71]。调查高氟地下水的分布情况以及高氟地下水的形成原因都是需要解决的问题。众多专家学者进行高氟区域的研究，分析总结地质构造、岩石类型、地形地貌的差别是造成这种空间分布差异的最主要原因[39]。杨振宁[72]、孟春霞等[73]认为，高氟地下水的分布与研究区的气候条件、径流条件有关。胡婧敏[74]、刘春华等[75]、宋晓光等[76]和Sibele等[77]认为地形地貌对氟的分布影响较大，高氟区通常分布在径流缓慢、地势低洼的冲积平原、盆地区域。

另一种观点认为地下水的运动规律影响着高氟地下水的空间分布。毛宏涛[78]研究了区域陆相沉积、海相沉积，发现动力搬迁以及海进直接影响到氟的空间分布情况。Zou等[79]发现，构造活动直接影响到补径排条件，间接影响到流域中的氟空间分布。孔晓乐等[80]发现，不同的补给入渗情况以及土壤中水的运动影响氟的富集情况，淋溶、溶滤等自然过程都影响氟的分布范围。秦鹏等[81]的研究表明，沉积物的岩性直接影响到地下水补给情况，间接影响地下水中氟的分布情况。渗透性低的沉积物致使地下水垂向补给速率变慢，阻碍了地表水对地下水的补给。因此，不同的补给入渗情况都影响着地下水中氟的空间分布情况。

综上所述，影响高氟地下水分布的因素主要有地质、地层岩性特征、矿物类别、构造运动、补径排条件及水文地球化学作用等。多种因素直接或间接影响地下水中氟的分布。

1.2.3　高砷地下水富集机理研究现状

高砷地下水给世界各地居民的身体健康带来了严重威胁，关于高砷地下水的富集机理一直是各国学者们研究的重点。岩石、土壤、淤泥质沉积和地貌、构造、古地理及水文地质环境是区域高砷地下水形成的必要物质来源和关键条件[82]。高砷地下水的富集受水化学环境的影响，主要包括 pH 值、Eh 值、有机组分和无机组分等，其中沉积物中各种形态砷的含量、有机质成分也是影响地下水中砷富集的重要因素；影响砷富集的水文地质条件主要包括较为封闭的地球化学环境、缓慢的地下水交替作用以及富砷的岩石矿物和沉积物介质等；同时干旱半干旱的气候条件也是影响地下水中砷富集的重要因素[83-85]。此外，土壤-水系统中有机物分解、各种矿物质的沉淀、溶解、还原以及各种赋存形态砷的相互转化是地下水中砷富集的内在形式[86-87]。自然界中砷主要分为有机砷和无机砷两种形式，土壤和地下水中砷主要以 As(Ⅲ) 和 As(Ⅴ) 的形式存在[44]。在天然水体中，砷的主要存在形态包括 H_3AsO_2、$H_2AsO_2^-$、$H_2AsO_3^-$ 以及 $HAsO_3^{2-}$。在氧化环境下，地下水中的砷主要是以五价形式存在，如 $H_2AsO_4^-$、$HAsO_4^{2-}$ 等，当电子活性较高且 pH 值大于 4 时，地下水中的砷主要以三价形式存在，主要为 H_3AsO_3、$H_2AsO_3^-$ 等，且 As(Ⅲ) 迁移性较强，容易在径流条件下发生转移[88]。赋存在土壤环境中砷的主要存在形式以难溶于水的胶体形态存在，易溶解的形态含量极低；这是因为土壤中以 AsO_3^{3-} 和 AsO_4^{3-} 形态存在的砷很容易被带正电的土壤胶体吸附，易与铁、铝、钙等离子生成难溶化合物[89]。

地下水中砷的富集机理主要包括离子竞争吸附机制、五价砷还原机制、砷硫化物氧化、铁/锰氧化物还原及微生物作用等。最早有学者认为[90-91]，含砷的黄铁矿被氧化可能是地下水砷污染的主要形成机制；在与外界氧气接触下含砷的黄铁矿被氧化，导致其晶格中的砷释放到地下水中，使地下水中砷的含量增加。还有学者认为，铁氧化物或氢氧化物还原性溶解是导致地下水中砷富集的主要因素[92]。在还原环境下，吸附在铁氧化物或氢氧表面的砷会随着矿物的还原溶解释放到地下水中。还原条件下的地下水中砷的价态主要以 As(Ⅲ) 为主，As(Ⅲ) 化学性质活泼，更易于从水铁矿、针铁矿和赤铁矿等矿物上解吸附。在还原过程中，吸附在铁氧化物或氢氧化物表面上的 As(Ⅴ) 被还原为活性更强的 As(Ⅲ) 从而导致地下水砷的浓度升高[93]。也有学者认为，离子间的竞争吸附作用是导致地下水中砷富集的重要因素。张迪[9]研究表明，磷酸根与砷酸根具有相似的理化性质，且两者都易吸附在矿物表面上，当地下水中有磷酸根存在时，磷酸根会与黏土矿物表面吸附的砷发生竞争吸附作用，将矿物上的砷置换出来并释放到地下水中。Appelo 等[94]模型计算结果表明，HCO_3^- 也会与水铁矿表面吸附态砷发生竞争吸附作用。因此，同样有学者认为，含铁矿物上吸附态砷被碳酸氢根取代是地下水砷污染的主要形成机制。随着对高砷地下水富集机理的不断研究，目前对于砷富集机理的普遍观点为，铁氧化物矿物在有机物与微生物共同作用下的还原是导致地下水中砷富集的主要过程[95]。微生物在自然界中与砷长期共存，它的代谢过程对砷在环境中迁移和富集起到了重要作用[96]。微生物还原主要包括细胞质砷还原和异化砷还原两种机制[97]。厌氧条件下微生物有机碳作为能量来源，将 Fe(Ⅲ) 与 As(Ⅴ) 作为电子受体分别还原为 Fe(Ⅱ) 及吸附性更弱的 As(Ⅲ)，导致地下水中砷含量增加[98]。

1.2.4 沉积物地球化学特征对地下水砷的影响研究现状

地球成因的高砷水被普遍认为是水-岩相互作用的结果[86]。沉积物中可交换态砷在水交替缓慢的条件下，经过长期的水-岩相互作用极易进入地下水中形成高砷地下水[99]。通过对全球性砷分布的研究，学者们认为，沿海沉积平原和盆地中砷的最终来源是富砷的岩浆岩，其通过造山运动从地下深处迁移到地表。Postma 等[100]认为砷是由含砷矿物的还原溶解产生的。Verma 等[101]认为南亚及东南亚富砷沉积物由发源于喜马拉雅山脉的河流搬运，沉积到下游盆地和三角洲地区。Mukherjee 等[102]的研究表明富砷矿物与全新世冲积沉积物的第四纪沉积物有关。Xie 等[103]认为大同盆地第四系含水层中砷最主要的来源可能是盆地西部含煤岩石的露头，其砷含量远高于其他岩石。以上研究表明，砷的主要来源取决于原岩和矿物所处的位置[104]。与此同时，日益增多的研究人员意识到沉积物性质通过对含水层水力特性的控制来影响微生物活动、地下水氧化还原环境、地下水流动与循环等过程，进而左右地下水中砷的富集与迁移能力。Zhang 等[105]提出地下水位波动和停滞时间通过对地下水中铁、锰含量的影响来控制地下水中砷的迁移与分布。通过对河套平原高砷区域含水介质的研究，高存荣等[13]认为高砷地下水的形成与迁移主要由沉积物性质及其沉积环境决定。Mcarthur 等[106]发现沉积盆地含水层上伏沉积物的渗透性、有机质含量将影响高砷地下水的分布。Chakraborti 等[107]通过对印度甘加平原高砷区域沉积物中岩性的研究，发现高砷地下水分布在以黏土、粉砂为主的浅层含水层中。邬建勋等[108]发现比表面积大、富含有机质以及铁铝氧化物的黏土层更易富集砷。上述结论表明，含水层沉积物性质及其沉积环境控制着地下水中砷的富集与迁移。

在南亚及东南亚河流泛滥平原区，研究部分富砷区沉积物后发现，砷会与黄铁矿或其他硫化物矿物结合，在这些区域中黄铁矿通常是自生的，埋藏前期硫的供应充足，且黄铁矿可能是浅层厌氧环境下地下水中砷的汇而非源[109]。孟加拉盆地和湄公河三角洲泛滥平原低洼处沉积的载砷铁锰氧化物可能是由于海水退去后含砷黄铁矿的氧化。通过对孟加拉等地区的研究表明，充裕的硫酸根会抑制地下水中砷的富集，这可能是因为硫酸根还原生成的硫化物矿物具有一定除砷能力。

对内蒙古河套盆地沉积物的化学组分研究表明，黄铁矿结合态砷占总砷的 10%[110]。冲湖积平原沉积物中的二价铁硫化物可能是铁氧化物经黄铁矿化形成的，可作为地下水中砷的汇。沉积物中不同赋存态 As 与 Fe、Mn 的含量均为正相关，且砷的分布与岩性关系密切，说明沉积物砷主要在颗粒较细的黏土、粉质黏土中富集。此外，离子的竞争吸附、氧化还原环境、水文地质条件等均可影响沉积物及地下水中砷的迁移转化[111]。曹永生等[112]认为粒度不同的沉积物对砷的行为有不同的影响，粒度小的沉积物颗粒比表面积大，颗粒表层携带的电荷多，有利于砷的吸附。

1.2.5 氮元素特征及微生物对地下水系统中砷迁移转化的影响

氮元素在地下水中主要以 NO_3^- 与 NH_4^+ 存在,分别表示了氧化环境与还原环境[113]。地下水中的 NO_3^- 在细菌作用下会造成 $Fe(II)$ 与 $As(III)$ 的氧化,进而影响铁与砷的循环[114]。Halima 发现在 NO_3^- 浓度较高时,$As(V)$ 含量也会增加,$As(III)$ 的含量会相应地减少[115]。当 NH_4^+/N_T 增大时,有利于砷在含水层的迁移富集而形成高砷地下水[116]。地下水体中氮循环主要有五个过程:氮的固定、硝化、反硝化、同化和降解。硝化反应($NH_4^+ \rightarrow NO_3^-$)主要发生在氧化条件较强的环境中,反硝化过程主要为还原过程[117]。所以,在干旱性内陆盆地中地下水砷的释放过程主要受反硝化过程的影响。而影响氮循环微生物的理化因子主要有氨氮浓度、pH 值、温度、盐度等,这些理化因子也会间接地影响砷的迁移,使砷浓度升高。Liu 等[118]发现土壤表面 NH_4^+ 含量增加会使土壤的 Eh 值降低,聚集在土壤表面的五价砷随着 Eh 值减小而被还原,这可能与淋滤-渗透作用有关。Richard 等[119]对中国台湾兰阳地区地下水砷进行研究,表明有机氮的渗透与铁氧矿物的还原是地下水砷浓度升高的主要原因。其次,硝酸盐的还原过程对于微生物的活动具有重要影响,微生物活动越强烈,越易促使形成还原环境,使含水系统中砷发生解吸附作用[120]。但是,地下水中氮元素特征的转化对砷的迁移作用仅仅是砷在复杂地下水环境中行为的一部分,其作用还不足以完全解释砷在地下水中的迁移和富集机制[44]。

尽管砷对一般生物有强毒性甚至可导致死亡,但很多微生物包括单细胞细菌、酵母菌、真菌等可以从这种有毒的元素中获得能量并茁壮成长[121]。微生物在自然界中与砷长期共存,其种群结构及多样性组成对砷在环境中的迁移和转化有很大影响。微生物还原砷有两种机制:一种是将 $As(V)$ 还原为 $As(III)$,减少细胞内的砷浓度;另一种是在还原过程中从中获取能量满足自身生长[97]。厌氧条件下有些微生物以有机碳作为能量来源,将 $Fe(III)$ 和 $As(V)$ 通过铁还原菌和砷还原菌还原为 $Fe(II)$、$As(III)$,导致地下水中砷含量增加[96]。微生物以有机质作为碳源在含水系统中进行各种生物地球化学作用,能直接影响到沉积物与地下水中砷浓度的变化[122]。已有文献表明,在砷浓度较高的地下水中存在铁还原菌,它们对含水层中砷的迁移起到了关键的作用[123]。在富含有机质的地层中,腐殖酸等有机质在微生物作用下分解,形成还原环境,这为地下水中砷的富集提供了条件[124]。

地下水含水系统为微生物提供了良好的生存环境,微生物已经成为不可或缺的部分[125]。在氧化还原环境中,微生物以不同物质作为电子受体,从氧化有机物中获取能量来维持生命活动[126],从而在漫长的地下水演化过程中呈现不同的生物地球化学阶段和水化学特征[127]。细菌与重金属具有很强的亲和性且适应能力强, 能够在各种环境下生存, 是目前已知种类较多的一种微生物[128]。它对砷的生物累积主要是通过细胞壁使砷吸附在表面, 细胞本身新陈代谢作用过程中砷在细胞体内也会慢慢富集[129]。目前的研究普遍认为, 地下水中砷的富集是由于有机物和微生物共同作用导致与砷共存的铁氧化物或氢氧化物还原性溶解的结果。谢作明等[130]发现, 在漫长的时间进程中, 大量细菌活动能够导致地下水系统中的沉积层砷被释放进入地下水, 造成区域性砷浓度改变, 并且在高砷地下水的微生物培养过程中, 成功分离出砷还原菌与铁还原菌。由于地下水系统中化学环境在各种因素的影响下会发生变化, 且地下水与沉积物的化学性质不一样, 这种差异导致细菌群落结构发生改变, 并在各分类水平下具有各自特有的细菌种群[131]。其中优势类群有 Proteobacteria、Bacteroidetes 和 Firmicutes, 均为淡水环境中常见的优势类群[132]。通过细菌群落结构与组成反映环境所带来的影响可以评价地下水系统的平衡性, 对于生态环境有着重要的指示作用[133]。土壤 pH 值的改变会影响土壤中酶的敏感程度, 进而增加或抑制其氧化还原特性, 对细菌群落特征和单个细菌组成造成影响[134]。有研究表明, 变形菌纲是碱性土壤的主要类群[135]。现代分子生物学技术, 最新一代测序技术 16S rDNA 为研究微生物的多样性提供了便携有效的技术手段, 该方法具有良好的重复性, 携带的信息量大, 是当前应用较为广泛的新一代测序技术[136]。通过 16S rDNA 技术, 可以分析和研究环境中的细菌多样性和种群结构差异, 以及得到一些有砷抗性的微生物的序列, 可以高效地获取微生物群落特征及其微生物组成信息[137]。

上述研究成果充分地表明了微生物在地下水砷形成过程中的作用, 以及在砷的释放过程中的作用, 而氮元素的氧化和还原对于微生物的活动具有重要影响。所以, 结合不同氮元素特征及不同氮循环过程对砷迁移转化影响, 可以揭示氮元素对含水层中砷水文地球化学过程的作用机制; 再结合微生物活动对砷迁移富集影响, 可以精确表征典型高砷区中不同价态的氮元素对砷的生物地球化学效应, 探讨不同价态的氮元素、不同微生物作用下高砷地下水的形成机理。

1.3 奎屯河流域高砷、高氟地下水研究内容及技术路线

研究区域是新疆维吾尔自治区天山北坡中段经济带发展程度较高、人类活动较为强烈、地下水开发利用程度较高的地区, 自 20 世纪 50 年代起, 先后有地质、水利、农业等部门在区内开展过大量的地下水调查、地方病调查、劣质水调查研究工作。主要有: 1957 年, 中科院考察队 1∶100 万水文地质测绘; 1958 年, 新疆地矿局水文地质大队 1∶20 万综合水文地质普查; 1959 年, 原新疆水

文二队 1：50 万水文地质测绘；1975—1980 年，新疆地矿局第一水文队 1：20 万地区区域水文地质普查；1982—1983 年，新疆地下水资源评价（水利部"第一次全国水资源调查评价"专题，新疆水文总站、新疆八一农学院）；1984 年，新疆水文水资源局 1：100 万"新疆水资源评价"；1990 年、1992 年，乌鲁木齐克拉玛依国土综合开发区区域环境地质综合评价；1992 年，新疆兵团勘测设计院"新疆奎屯柳沟灌区竖井排灌水文地质调查报告"；1992—1994 年，新疆艾比湖汇流区水资源及环境地质综合评价；1997 年 5 月，新疆兵团农七师勘测设计院"新疆农七师地下水资源开发利用规划报告"；1997 年 11 月，新疆环境总站 1：25 万"新疆乌苏市区域水文地质调查报告"；1998 年 8 月，新疆水文水资源局"新疆维吾尔自治区乌苏市地下水资源开发利用规划报告"；2002—2003 年，新疆地下水资源评价（水利部"第二次全国水资源调查评价"专题，新疆农业大学等）；2011 年，新疆平原区地下水资源利用与保护规划-地下水水质调查与评价专题（新疆农业大学）；2014—2015 年，新疆平原区地下水污染调查与评价（中国地质科学院水文地质环境地质研究所、中国地质调查局水文地质环境地质调查中心、西北大学、新疆农业大学、新疆地质环境监测院）；2018—2019 年，新疆平原区地下水水质调查与评价（水利部"第三次全国水资源调查评价"专题，新疆农业大学）。以上研究初步查明了工作区的水文地质特征，获取了一批可靠的基础资料，为研究提供了坚实的研究基础。

（1）本书的研究目的。以新疆奎屯河流域为研究区域，以地下水和沉积物的物理化学性质及其微生物群落为研究对象，在已有资料和前期调查结果的基础上，开展以下工作：

1）针对流域内高砷地下水威胁部分居民饮用水安全问题，查明该区地下水环境质量及高砷、高氟地下水的空间分布特征。

2）通过水文地球化学手段，分析含水层中不同氧化还原环境与不同价态、不同赋存形态砷的关系。

3）通过对地下水化学组分进行分析，揭示地下水化学特征沿地下水流向上的变化规律，研究含水层沉积物地球化学特征及其对沉积物、地下水砷、氟含量的影响，探究地下水及沉积物特征对含水层砷、氟的影响。

4）通过高通量测序技术，获取研究区地下含水层中微生物群落信息，探究微生物群落组成与微生物结构特征对含水系统中砷的影响。

5）通过野外调查并结合理论分析，探究影响高砷高氟地下水的形成的主要因素。

（2）依据研究目的，本书具体的研究内容包括以下几点：

1）水文地质调查。收集前人资料，开展野外水文地质调查，了解研究区土壤、水文、地质、地形地貌等特征，合理布设监测点（调查已有点及适当补充取样、监测钻孔）后取样，检测地下水水样主要化学组分，分析研究区高砷地下水的水文地球化学特征。

2）研究区水文地球化学特征及地下水质量。通过测试地下水中 pH 值、水温、Eh、Ec、K^+、Na^+、Ca^{2+}、Mg^{2+}、Cl^-、SO_4^{2-}、HCO_3^-、CO_3^{2-}、F^-、HPO_3^-，矿化度、总硬度、高锰酸盐指数、As（Ⅲ）和 As（Ⅴ）、Fe、Mn、As、pH 值等化学组分。通过钻探取得沉积物样品，测试沉积物中 As、K^+、Na^+、Ca^{2+}、Mn 等化学组分。通过地下水和沉积物的物理化学分析，查明研究区地下水水文地球化学特征及地下水质量。

3）研究区高砷、高氟地下水空间分布特征。根据监测点样品取样分析结果，结合区域地质背景，从水平和垂直角度分析奎屯河流域高砷、高氟地下水的空间分布特征。

4）地下水及含水层沉积物特征对含水层砷富集的影响。通过对地下水中砷与主要化学组分、氧化还原敏感因子、络阴离子的相关性分析，探究地下水化学特征对地下水中砷富集的影响；结合沉积物粒径、化学组分、水动力条件对沉积物及地下水中砷、氟的影响，分析研究区沉积物和地下水特征对含水层砷、氟含量的影响。

5）不同氮循环过程对不同价态和不同赋存形态砷的氧化还原作用模式。通过研究人类活动影响下地下水系统中氮元素的价态及在平面和垂向上分布规律，识别氮循环发生的过程（氮的固定、氨化、反硝化、同化和降解），结合地下水中不同价态和不同赋存形态砷的含量及分布，通过探寻氮循环每个过程中氧化还原环境的变化，进而影响含水层中砷的释放与富集机制。

6）运用分子生物技术手段探究研究区微生物群落对含水层砷迁移的影响。调查自然环境下地下水砷受环境影响的基本因素，根据主要环境化学因素，对样品进行分类。提取该环境下微生物 DNA，利用高通量技术对含水层系统的微生物群落特征进行分析，构建地下水中细菌克隆文库，并鉴定到种或者属，最后确定优势高效耐砷菌，构建系统发育树。探究影响微生物群落的主要环境因素，对该环境下微生物多样性进行分析，揭示高砷含水系统中微生物对砷的影响。

7）以高砷区沉积物及地下水为研究基础，运用数理统计、相关性分析、水文地球化学模拟等研究方法，结合理论分析，探究影响高砷、高氟地下水形成的主要因素。

（3）本书采用的技术路线如下：

本书以水文地质学、水文地球化学及环境微生物学等相关知识为理论支撑，以新疆奎屯河流域地下水为研究对象，在研究区已有高砷地下水调查研究成果及水文地质调查和资料收集的基础上，应用数理统计方法、高通量测序技术、室内试验等手段，探讨研究区高砷、高氟地下水的分布；沉积物对地下水砷、氟迁移转化的影响；微生物物种与地下水环境的关系，深入研究含水层生物地球化学特征对砷迁移转化的影响。技术路线如图 1.1 所示。

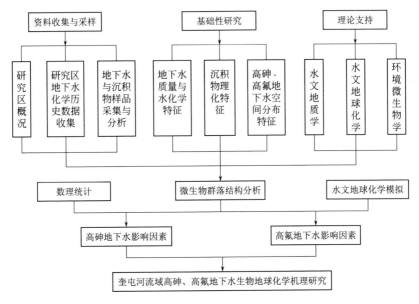

图 1.1　技术路线

第2章　奎屯河流域概况

2.1　奎屯河流域自然地理及社会经济概况

2.1.1　地理位置

奎屯河流域位于新疆乌鲁木齐市以西 220km，准噶尔盆地边缘，如图 2.1 所示。流域东与巴音沟河流域交界，西与托托河流域相交，南与天山分水岭相邻，北与扎伊尔山分水岭连壤[138]。该流域在 $83°22'\sim85°47'$E，$43°30'\sim47°04'$ N，东西宽、南北长分别为 160km、240km，流域分为山区（面积为 1.19 万 km^2）和平原区（面积为 1.64 万 km^2）两部分，总面积为 2.83 万 km^2。

图 2.1　奎屯河流域卫星影像

2.1.2　地形地貌

奎屯河流域南山区山脉呈西北-东南走向，地势也由南向北逐渐降低。高山

14

区海拔为2800～4925m，地形坡度大且降水量充足，海拔3700m以上的区域内常年积雪。南山区中山带海拔为1600～2800m，相对于高山区而言地势较为平坦，其间植被发育旺盛。研究区北部前山带四棵树河以东的区域海拔为900～600m、四棵树河以西的地区海拔为1100～1600m，这些区域中基岩裸露，降水量减少，植被发育程度不高。北山区山脉走向呈北东-南西走向，海拔相对于南山较低，海拔为1100～2600m，山势相对平缓，其地形坡度向东南和南西逐渐降低，植被发育中等，生长植物主要为季节性草。整体来看，奎屯河流域平原区总体地形表现出南北部高，中北部低，东部高，西部低的特点。由山前砾质平原至细土平原区尾部，海拔由900～1200m降至250m。平原区按成因可分为四类，主要类型包括山前冲洪积平原、冲积平原、风积平原以及冲湖积平原。

（1）山前冲洪积平原。南山区山前冲洪积平原由奎屯河、四棵树河、古尔图河、特吾勒河、莫特河等河流冲洪积扇及诸小河沟洪积扇群组成。冲洪积扇顶部及上部为强倾斜的砾质平原，中上部为缓倾斜的砾质平原，中下部为平坦的细土平原。312国道一带以南为山前砾质平原，海拔为600～1100m，以北为细土平原区，海拔为310～600m。山前砾质平原南北向宽度为15～25km，海拔变化较大，海拔为550～1500m，向北至左顿艾力生沙漠的区域主要为细土平原，海拔为360～550m。北山区山前冲洪积平原东宽西窄，宽度为10～25km，海拔为260～1200m。

（2）冲积平原。冲积平原分布于南山区山前冲洪积平原以北的下游区，海拔为250～310m，主要发育在奎屯河下游河道一带，四棵树河、古尔图河下游河道一带发育较少。

（3）风积平原。奎屯河流域南部山前四棵树河—古尔图河段冲洪积平原以北主要为风积平原，佐顿艾力生沙漠由一系列的北西—南东向沙丘链、波状沙丘组成，沙丘高差为10～30m，沙丘间洼地的植被以红柳、梭梭等灌木为主，植被发育程度不高。风积平原属固定-半固定型沙漠，东西方向呈条带状分布，南北宽为8～16km，东西长为70km，海拔为245～400m。

（4）冲湖积平原。冲湖积平原分布于冲积平原以西，以南为左顿艾力生沙漠，其地势平坦低洼，海拔较低，为220～300m。西部为甘家湖自然保护区中心，其中植被发育旺盛，沼泽覆盖率较高，植物种类多以梭梭、胡杨、红柳、芦苇及碱蒿为主。冲湖积平原东部地区主要为盐碱荒漠地带，不利于植物的生长，因此植被覆盖极低。

2.1.3　社会经济概况

奎屯河流域作为天山北坡经济带的重要组成部分，是自治区实施西部大开发战略的重要区域之一。流域行政区有克拉玛依市的独山子区，伊犁州的奎屯市，新疆生产建设兵团第七师的9个团场，塔城地区乌苏市及所属22个乡（镇、场）。奎屯河流域是一个多民族集聚的地区，有汉族、维吾尔族、回族、哈萨克族、蒙古族等 17 个民族，2018 年，流域内人口总数为 68.28 万人，城镇化率为67.39%。2018 年，全疆生产总值为 12199 亿元，其中第一、第二、第三产业分别占地区生产总值的 13.9%、40.3%、45.8%。人均生产总值为 49475 元。2018 年，工农业产值为 1206.86 亿元，其中工业产值为 997.44 亿元，农业产值为 209.42 亿元。

流域 2018 年灌溉面积为 $203.85 \times 10^3 hm^2$（不含复播），水浇地面积为$217.71 \times 10^3 hm^2$，耕地面积为 $219.53 \times 10^3 hm^2$。2013 年，流域种植业中农作物播种面积为 $210.04 \times 10^3 hm^2$，粮食作物面积为 $41.41 \times 10^3 hm^2$；经济作物面积为 $168.63 \times 10^3 hm^2$，其中棉花为 $128.67 \times 10^3 hm^2$。流域内 2013 年末牲畜存栏数为 81.6 万只（折合绵羊），提供商品肉 3.97 万 t。流域内交通和通信均都非常便利，是我国连接整个欧亚大陆桥上的关键运输通道，并开通了欧亚光缆通信和微波通信。流域经由北疆电网 220kV 的输电管线，供电充足。

流域内由奎屯市、乌苏市、克拉玛依市独山子所组成的"金三角"，是新疆产业比较发达和集中的区域[139-140]。奎屯河流域下游的甘家湖保存着末次冰期结束时形成的自然景观，主要保护树种为国内仅存于此地的荒漠白梭梭，是我国唯一的温带荒漠梭梭林保护区，具有极高的生态保护价值及环境指示作用[141]。

2.2　奎屯河流域气象与水文概况

2.2.1　气象

奎屯河流域处于欧亚板块的中部，属干旱的北温带气候区，降水少昼夜温差大，蒸发大空气干燥，冬季寒冷夏季炎热。年均气温在 7℃左右，最高气温可升至 40.3℃，最低气温可降至 −32.3℃，年均降水量为 150～170mm，年均蒸发量为 1710～1930mm[142]，蒸发量是降水量的 10～12.9 倍。平原区全年主要有西北风、西南风，其平均风速为 2.4m/s。

2.2.2　水文

奎屯河流域平原区位于准噶尔盆地的西南部，气候干旱，多年平均降水量为 257mm，多年平均蒸发量为 1830mm。奎屯河流域的主要河流均发源于天山的依连哈比尔尕山和博罗克努山北坡，多年平均地表水资源量为 16.43 亿 m^3，可利用量为 13.19 亿 m^3。流域主要河流均发源于天山北坡高山带，流经中、低山，既有高山冰川和永久性积雪补给，又有中、低山季节性积雪和夏季降水补给。内有奎屯河、古尔图河和四棵树河等，源自博罗科努山、依连哈比尔尕山，注入准噶尔盆地及山间盆地的洼陷区域[122]，山区融雪水和降水是径流的补给来源，其中融雪水补充量占总补充量的 25%～35%。平原区地下水总补给量为

9.28亿m³，其中转化补给量为7.89亿m³，天然补给量为1.39亿m³。径流的年内分配和年际变化更接近于冰川融水型河流，即具有水量稳定、年际变化小的特点，是发展灌溉农业稳定和可靠的水源。径流年内分布特点是：春汛不明显，夏水集中，连续最大4个月径流量出现在6—9月，占年径流量的70%～80%；最大月径流量出现时间为7月或8月，占年径流量的25%～30%；最小月径流量出现在4月（个别河流出现在2月），占年径流量1%～2%。

流域内各河流最大年径流量与最小年径流量的极值比为1.5～2.1，最大年径流量比多年平均径流量大21%～48%，最小年径流量比多年平均径流量小18%～30%。由此可见，奎屯河流域各河流水量较稳定，年际变化小。此外，流域各河流在丰枯期变化具有多年周期性。

1949年，流域内耕地面积为16.5万亩，水利工程为简易的临时工程，农民每年采用树枝、芦苇等在河道中压坝进行引水。1949年以来，流域内民众和生产建设兵团在国家的号召下开荒造田、大修水利，经过多年的艰苦治理，流域内已修建引水枢纽8座（如奎屯河、古尔图河、四棵树河修建的新老渠首等），平原水库11座（如车排子、奎屯河、奎屯大湾水库等），总库容达3.03亿m³，输水干渠总长度为666.39km（如四棵树河引水干渠、古尔图河引洪渠、奎屯河总干渠等主要输水干渠）[143]，灌溉总面积为277.33万亩，其中农田灌溉面积为223.17万亩，林地、绿地等灌溉面积为54.16万亩。

2.3 奎屯河流域区域水文地质条件

2.3.1 地层与构造

研究区内地表暴露或钻探的地层主要来自古近系和第四系，本次研究的沉积物为第四系沉积物。在第四系时期，奎屯河流域始终位于堆积地带的中央，孕育了以泥质、黏土质为主的深厚沉积层[65]，由老至新依次为更新统和全新统。

第四系下更新统冰水-湖相沉积层分布于平原腹地的地下207～345m处，岩性以黏土、粗砂、砾石为主。第四系中更新统冰水-湖相沉积层分布于东部兵团一二七团、兵团一二八团及兵团一二五团附近的平原区沉积层以下，顶面埋深为213～250m，由亚黏土、亚砂土夹细砂层连续交替堆积形成。洪积层和湖相沉积层是第四系上更新统主要组成部分，其中洪积层普遍分布在山前洪积扇中，地表微向平原中心倾斜，南沿坡度较大，北沿稍缓，往下与缓倾斜的土质平原相接[144]。平原区南部，沿三大河流岸边剖面的上部，为漂砾卵石层，在平原区北部的山前平原，砾石颗粒较细小，含大量的泥沙，形成土砾石。在该层的顶部一般覆盖有7～25m厚的黄土状亚砂土，两者有明显的界线。湖相沉积层埋藏在土质平原2～18m深处。在兵团一二七团、兵团一二八团附近，上部为黄灰色亚黏土夹杂薄层的砂砾石及砂，中部为青灰色的砂及砂砾石层，下部为黄灰、青灰及浅黄色的细粉砂夹杂青灰及黄灰色亚砂土、亚黏土及黏土层。在九间楼乡以北地区，主要为青灰、黄灰和深灰色的黏性和砂性土层，南部砂层较厚，黏性土层较薄。

第四纪全新统主要分为冲积层、沼泽沉积层，其中冲积层普遍分布在平原地带，主要为南沿三大河流的三角洲沉积，地表微向平原中部倾斜，组成岩性前缘有不宽的砂砾石带，其下由灰黄色亚砂土、粉细砂组成。在现代河床中，中上游由砂卵石、漂砾组成，河流下游由细砂、砂、砾石组成。沼泽沉积层主要分布在洪积扇前缘地下水溢出带，河道中亦有分布，组成岩性为淤泥质亚砂土及粉细砂，内含有机质，厚度为0.3～5.0m[99]。

2.3.2　地质构造

研究区从古至今经历了漫长的地质运动，产生了多次构造活动，造就了天山东西向、北山"多"字形及北西向等独特的构造体系，在其制约下演化成如今的地貌类型，它能够反映出近代地质运动的变迁及其过程[145]。中生代期间，除东面外其他三面均上升较快形成山地，其中心上升较慢形成盆地，同时，源自山地的泥质、碎屑、含煤石膏等均堆积在天山山前的坳陷带。从古近纪起，由于喜马拉雅的强烈运动，使断块式升降在山地与盆地之间频繁发生，造成中生代地层的断裂和褶皱。随着山体的西迁北移，到新近纪时以乌苏—奎屯为沉积中心继续接受新的堆积，期间，四棵树河东坳褶、西块断陷落。进入第四纪，近期构造运动依然很剧烈，地壳的变化主要来源于垂直升降运动，其次是水平运动。

2.3.3　地下水分布与含水层特征

奎屯河流域平原区普遍分布着第四系松散岩类孔隙水，从南方山前到平原区，主要由山前冲洪积扇、冲洪积细土平原、冲积细土平原构成。

南部山前冲洪积扇岩性以砂砾石为主，如图2.2所示。潜水含水层是结构单一的孔隙富水层，随着地面高程降低其埋深变浅，从山前到平原，颗粒、潜水位埋深、地下水类型分别从粗、深、潜水（单层）过渡到细、浅、潜水—承压水（多层）。山前冲洪积扇中上部为漂石、卵砾石含水层，地下水为潜水、埋藏深、储量多、水质好。山前冲洪积扇下部为砂、砂砾石含水层，潜水、承压水埋深分别为小于10m、20～30m，水量、压力都较大的自流含水层在地表40～70m以下，在地下150m内，有2～4层承压自流含水层[146]。在北山山前地带中从北到南潜水埋深总体呈现从深到浅的变化规律，潜水—承压水（多层）构造发育是南、北山前冲洪积扇的主要发育特征[147]。

冲洪积细土平原上部潜水、承压含水层厚度均为20～50m，其中潜水含水

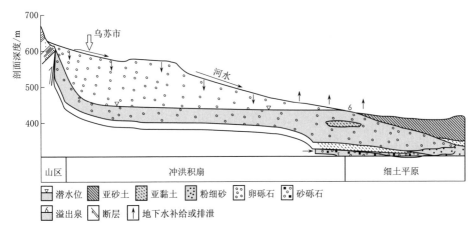

图 2.2 研究区水文地质剖面

层岩性以亚砂土、粉细砂为主，承压含水层岩性为粉细砂、中细砂及卵砾石，冲洪积细土平原下部潜水含水层岩性为粉细砂、细砂，局部有砂砾层；研究区下游的冲积细土平原区，含水层岩性为多层结构，由上至下依次为亚砂土、卵砾石、粉细砂、砂砾石，局部有亚黏土弱透水层。

2.3.4 地下水补给、径流与排泄

奎屯河流域是一个完整的水文地质单元，南方山前冲洪积扇是地下水的径流补给区，中央的细土平原是地下水的径流排泄区[148]。

在天山山脉中的高山区，有海拔高、降水丰富、气温偏低、蒸发量小、冰川积雪面积大等特点，山区降水主要汇集成地表径流，少量大气降水被拦蓄沿植被根系、地表缝隙等有利通道入渗补给地下水，在丘陵带通过下降泉的方式排泄，汇入地表径流。综上所述，山区为径流形成的补给区，少量降水下渗补给地下水，然后在丘陵带排泄[149]。

降水入渗、山区河谷潜流是山前冲洪积扇在水平方向上的补给来源；是山前地下水的侧向径流补给及在洪积扇前缘引灌的渠系水和田间灌溉水的入渗补给。地下水从南向北流动，在乌伊公路以南区域，地下水水力坡度大，沉积物颗粒较粗，有利于地下水流动。冲洪积细土平原及冲积细土平原均在水平、垂向上分别受到侧向径流补给、降水和农田灌溉水的下渗补给[42]。当地下水径流抵达细土平原时，随着地下水水力坡度变小，沉积物颗粒变细，不利于地下水流动，在奎屯市北部以泉群的形式排泄。南、东两面地下水的侧向补给是冲湖积细土平原地下水的主要补给来源，人工开采、潜水蒸发是该区地下水排泄的主要方式[150]。

19

第3章 区域地下水化学特征

水化学环境是影响地下水中砷富集的重要因素，地下水水化学组分主要受水文地质条件、地形地貌、气候以及地层岩性等多方面因素的影响，是地下水与周围地质环境长期相互作用的结果。地下水化学组分主要受水-岩作用的控制，因此通过对地下水化学组分的分析，有助于了解地下水水化学演化规律以及影响高砷地下水形成的水化学因素。

3.1 水样采集与测试

地下水采样点分布于奎屯河流域的平原区（图 3.1），于两个时间段分别取样。第一次取样为 2017 年 7 月，采集地下水水样 49 组（潜水 5 组、浅层承压水 11 组、深层承压水 33 组）和地表水样品 1 组（位于上游奎屯河 2 号水库），地下水取样深度为 18～500m。以乌伊公路为界，南部为单层潜水含水层，北部为多层承压含水层。浅层承压水取样深度小于 100m，深层承压水取样深度大于 100m。通过水化学测试分析发现有 5 组地下水样为砷含量异常点，即周围点砷浓度与取样点的砷浓度相差较大。第二次取样为 2019 年 8 月，采集地下水样品 10 组，取样深度为 30～290m，并且重新取 5 组砷异常地下水样点。现场检测项目包括 pH 值、水温、DO、Eh、Ec 5 项。水样采集前要先用稳定后的地下水原液润洗采样瓶，然后将地下水水样用滤纸过滤后分别装入 4 个 550mL 的聚乙烯采样瓶中，同时测量砷形态的地下水需要用 $0.22\mu m$ 的滤膜过滤，加入到 20mL 的棕色玻璃瓶，然后再加入 0.25mL 的 EDTA 溶液 2mL 调节至 pH 值小于 2。取样后要及时密封低温保存。为了保证水化学成分的稳定，水样保存在 4℃ 左右并放置了冰块的临时保温箱中；当需要测定时，为了防止热胀冷缩导致的体积误差，首先要将冷藏的样品恢复到常温状态。

分析依据《生活饮用水卫生标准 检验方法》（GB/T 5750—2006），地下水水质检测指标包括：K^+、Na^+、Ca^+、Mg^{2+}、Cl^-、SO_4^{2-}、HCO_3^-、CO_3^{2-}、F^-、PO_4^{3-}、TDS、总硬度、高锰酸盐指数、Fe、Mn、pH 值、TDS 等 18 项，地下水水样均送往新疆第二水文地质大队实验室进行水质指标测试。其中 Mn

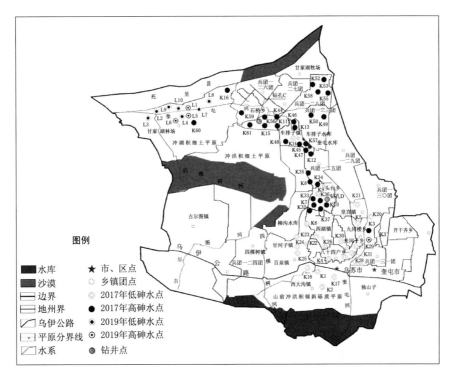

图 3.1 研究区流域图及取样点

检测限为 0.1mg/L；PO_4^{3-} 检测限为 0.07mg/L；NO_3^- 检测限为 0.05mg/L；Fe 检测限为 0.03mg/L；As 检测限为 0.01mg/L。

本章以 2017 年采集的水样数据为基础，结合研究区地质背景与水文地质条件，运用数理统计、Piper 三线图和 Gibbs 图、离子比值等方法，分析地下水水化学特征。Piper 三线图由 Grapher 软件绘制，Gibbs 图由 Origin 软件绘制。

3.2 研究区地表水及地下水水化学基本特征

利用 SPSS 软件对 2017 年的 49 组地下水样（图 3.1）的测试结果进行统计分析，结果见表 3.1。研究区地下水溶解性总固体（TDS）的变化，含量范围为 114.48～5211.00mg/L，主要阳离子为 Ca^{2+} 和 Na^+，平均浓度分别为 65.58mg/L 和 180.67mg/L；主要阴离子为 SO_4^{2-}、HCO_3^- 和 Cl^-，平均浓度分别为 330.09mg/L、143.98mg/L 和 193.14mg/L。研究区地下水整体呈弱碱性/碱性，pH 值的变化范围为 7.4～9.5，平均值为 8.16。研究区样品中砷的平

21

均浓度为 $40.84\mu g/L$，其中最高可达 $887.00\mu g/L$，远超过我国《生活饮用水卫生标准》（GB 5749—2006）中的标准限值（$10\mu g/L$）[19]。且在 74% 的高砷地下水中检测到有 PO_4^{3-} 的存在。同时研究区砷含量超标的地下水中 F^- 含量偏高，其含量范围 $0.48\sim6.41mg/L$，平均值为 $1.20mg/L$。此外，研究区地下水中 Fe/Mn 含量较低，其中 Fe 的含量最高为 $960.00\mu g/L$，均值为 $81.12\mu g/L$；Mn 含量的最高为 $1719.00\mu g/L$，均值为 $192.73\mu g/L$。

表 3.1 地下水水样主要组分含量

指　标	平均值	标准差	方　差	最小值	最大值
$As/(\mu g/L)$	40.84	67.67	4579.14	ND	887.00
Eh/mV	5.12	94.11	8856.26	-216.00	194.00
pH 值	8.16	0.50	0.25	7.40	9.50
$F^-/(mg/L)$	1.20	1.08	1.19	0.48	6.41
$COD/(mg/L)$	1.97	1.38	1.93	0.58	9.47
$HCO_3^-/(mg/L)$	143.98	77.47	6002.14	78.18	486.20
$Fe/(\mu g/L)$	81.12	160.57	25782.57	ND	960.00
$Mn/(\mu g/L)$	192.73	336.82	113445.20	ND	1719.00
$SO_4^{2-}/(mg/L)$	330.09	495.16	245183.50	13.06	1962.44
$PO_4^{3-}/(\mu g/L)$	169.18	136.54	18643.07	ND	710.00
$Ca^{2+}/(mg/L)$	65.58	74.39	5534.16	4.03	374.53
$K^+/(mg/L)$	2.16	1.16	1.35	0.83	5.68
$Na^+/(mg/L)$	180.67	269.63	72698.63	1.01	1281.43
$Mg^{2+}/(mg/L)$	36.13	63.02	3970.97	1.71	300.45
$TDS/(mg/L)$	895.23	1184.54	1403145.73	114.48	5211.00
$Cl^-/(mg/L)$	193.14	316.49	100163.94	7.11	1671.15

注 "ND" 表示低于检测限。

地下水中的砷主要以三价和五价的络阴离子形式存在，在氧化环境和还原环境条件下地下水中的砷分别以 $As(V)$ 和 $As(Ⅲ)$ 为主，一般情况下和 $As(Ⅲ)$ 的毒性远大于 $As(V)$。由表 3.2 可以看出，潜水中未发现有高砷水的存在；浅层承压水中砷的价态以三价为主，地下水样品中 $As(Ⅲ)/As(V)$ 比值远大于 1；深层承压水中砷的价态以五价为主，地下水样品中 $As(Ⅲ)/As(V)$ 比值仅为 27.81%，浅层承压水中砷的毒性相对较高。

表 3.2　研究区不同含水层中水的 As、As(Ⅲ) 和 As(Ⅴ) 含量

地下水类型	样本数	As/(μg/L)		As(Ⅲ)/(μg/L)		As(Ⅴ)/(μg/L)		[As(Ⅲ)/As(Ⅴ)]/%	[As(Ⅲ)/As]/%
		范围	均值	范围	均值	范围	均值		
潜水	5	—	—	ND~3.23	0.64	—	—	—	—
浅层承压水	11	ND~150.70	37.02	ND~108.70	18.73	ND~55.95	13.35	140.30	50.59
深层承压水	33	ND~887.00	318.20	ND~72.40	10.69	ND~434.94	38.44	27.81	22.49

注　"—"表示无测试结果；ND表示低于检测限。

3.3　地下水水化学类型

通过 Piper 三线图可以了解研究区地下水中水化学的主要离子组分及演化规律，且该方法具有避免人为因素影响的优点[151]。由图 3.2 可以看到，研究区潜水的水化学类型主要为 $HCO_3 \cdot Cl - Ca \cdot Mg$。研究区浅层承压水水化学类型的分布较为集中，其中砷含量较低的地下水中阳离子类型以 Ca^{2+} 和 Mg^{2+} 为主，阴离子类型以 HCO_3^- 及 Cl^- 离子为主；而砷含量较高的地下水中阳离子以 Na^+ 为主，阴离子以 SO_4^{2-} 和 Cl^- 为主。从低砷区至高砷区，浅层承压水中主要离子发生变化，阳离子由 Ca^{2+} 逐渐向 Na^+ 变化，阴离子由 HCO_3^- 逐渐向 SO_4^{2-} 变

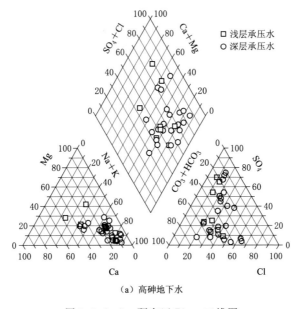

（a）高砷地下水

图 3.2（一）　研究区 Piper 三线图

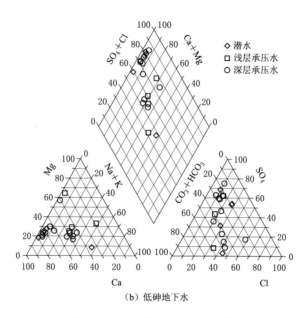

（b）低砷地下水

图 3.2（二）　研究区 Piper 三线图

化，水化学类型由 $HCO_3 \cdot Cl - Ca \cdot Mg$ 型逐渐向 $SO_4 \cdot Cl - Na \cdot Ca$ 型演化。研究区深层承压水水化学类型的分布较为分散，砷含量较低的区域内地下水中阳离子类型以 Ca^{2+} 和 Mg^{2+} 为主，阴离子类型以 HCO_3^- 及 SO_4^{2-} 为主。而在砷含量较高的地区，地下水中阳离子以 Na^+ 为主，阴离子以 SO_4^{2-} 为主。从低砷区至高砷区，深层承压水中主要离子发生改变，阳离子由 Ca^{2+} 逐渐向 Na^+ 变化，阴离子变化不大，仍以 SO_4^{2-} 和 HCO_3^- 为主；低砷区地下水的水化学类型主要为 $SO_4 \cdot Cl - Ca \cdot Na$ 和 $HCO_3 \cdot SO_4 - Ca$，高砷区地下水的水化学类型较为复杂，以 $HCO_3 \cdot SO_4 - Na \cdot Ca$、$Cl \cdot SO_4 - Na \cdot Ca$、$HCO_3 \cdot SO_4 - Na$ 及 $SO_4 \cdot Cl - Na$ 型为主。

3.4　高砷地下水水文地球化学过程

3.4.1　溶滤作用

溶滤作用指在水-岩作用下，岩土矿物中的一部分可溶物质进入地下水中从而导致地下水化学组分发生变化的过程。通过 Gibbs 图解法可以帮助我们了解自然因素（水-岩作用、蒸发-浓缩作用以及大气降雨作用）对地下水中主要化学组分的影响。如图 3.3 所示，当样品位于 Gibbs 图右上角区域，$\gamma Na^+/\gamma(Na^+ + Ca^{2+})$ 或 $\gamma Cl^-/\gamma(Cl^- + HCO_3^-)$ 比值接近 1，且 TDS 的值较高时，表明该区地下水化学组分主要受蒸发浓缩作用的控制；样品位于 Gibbs 图中间区域，$\gamma Na^+/\gamma(Na^+ + Ca^{2+})$ 或 $\gamma Cl^-/\gamma(Cl^- + HCO_3^-)$ 比值在 0.5 附近波动时，表明该区域地下水化学组分主要受水-岩作用的控制；而样品位于 Gibbs 图右下角区域，$\gamma Na^+/\gamma(Na^+ + Ca^{2+})$ 或 $\gamma Cl^-/\gamma(Cl^- + HCO_3^-)$ 比值接近 1，且 TDS 的含量较低时，表明该区地下水化学组分主要大气降水的控制。将研究区地下水的水化学数据导入 Gibbs 模型中，可看出，奎屯河流域地下水水样点全部落于图的中上部，表明控制流域地下水水化学特征的主要作用是岩石风化作用和蒸发浓缩作用，且大部分样品点更靠近岩石风化作用区，说明岩石风化作用的影响更大。此外，高砷样品点的分布规律也与总样品点的分布规律一致，表示研究区高砷地下水的形成主要受水-岩作用的影响。

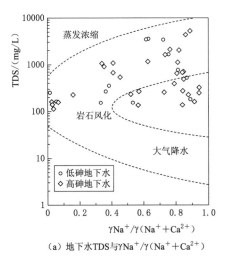 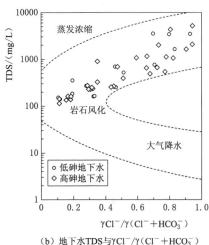

（a）地下水TDS与$\gamma Na^+/\gamma(Na^+ + Ca^{2+})$　　　（b）地下水TDS与$\gamma Cl^-/\gamma(Cl^- + HCO_3^-)$

图 3.3　研究区 Gibbs 图

　　为了进一步了解研究区地下水中可能发生的溶滤作用，通过水体中各种离子比值关系分析地下水中各离子主要来源及化学演化过程。图 3.4 为研究区地下水中主要离子浓度与 TDS 关系图。由图中可以看到，随着 HCO_3^-、Na^+、Ca^{2+}、Cl^-、Mg^{2+} 以及 SO_4^{2-} 浓度的升高，TDS 也随之增大。其中，Na^+、Cl^-、SO_4^{2-} 三者与 TDS 相关性显著，说明 Na^+、Cl^-、SO_4^{2-} 是该区地下水矿化度增大的主要因素，而这些离子也是蒸发岩（盐岩、石膏）的主要成分，说明蒸发岩的溶解是影响该区地下水盐化的重要作用之一[62,100]。

　　天然水体中岩盐溶解是地下水中 Na^+ 和 Cl^- 的主要来源，其毫克当量浓度比值一般在 1 左右[151]。由图 3.5（a）可以看到，研究区绝大部分取样点都位于 $\gamma Cl^-/\gamma Na^+ = 1$ 的下方，还有小部分取样点位于上方，说明地下水化学组分除

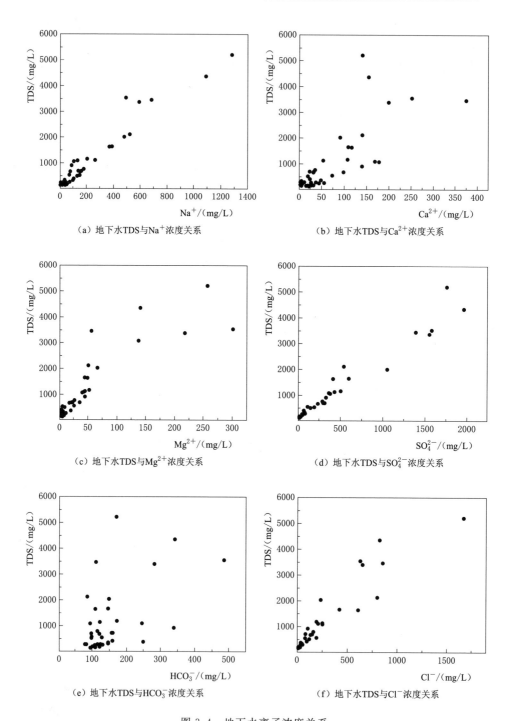

图 3.4 地下水离子浓度关系

了受岩盐溶解影响的同时还受到硅铝酸盐矿物溶解的影响。研究区水体中 Mg^{2+} 与 Ca^{2+} 主要来自含有镁钙的硅铝酸盐或碳酸盐，如图 3.5（b）所示，研究区地下水中大部分点位于 $\gamma(Ca^{2+}+Mg^{2+})/\gamma(HCO_3^-)=1$ 的上方[64]，表明除了方解石与白云石溶解外，还有其他含 Ca^{2+} 矿物的溶解，由图 3.5（c）可以看到，研究区地下水中所有取样点均为 $\gamma(Ca^{2+}+Mg^{2+})/\gamma(HCO_3^-+SO_4^{2-})=1$ 的下方，石膏矿物的溶解可能是地下水中 Ca^{2+} 的又一来源。此外，由图 3.5（d）可以看到，图中所有的取样点都位于 $\gamma(Ca^{2+})/\gamma(SO_4^{2-})=1$ 的下方，且二者表现出较强的正相关性（$R^2=0.536$），说明地下水石膏石的溶解也是地下水中 Ca^{2+} 的重要来源。

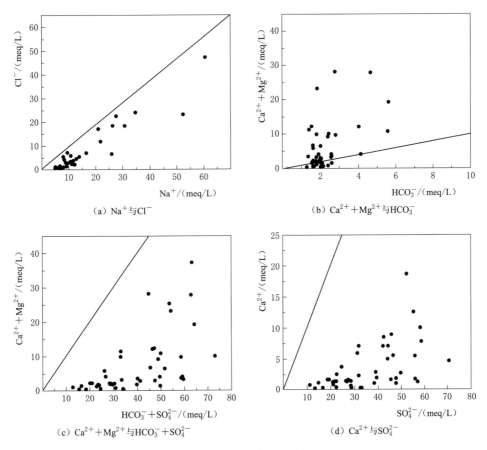

图 3.5　研究区地下水离子比值关系

基于 PHREEQC 软件对地下水水化学数据进行运算，得出的矿物饱和指数（SI），如图 3.6 所示，在大部分地下水中方解石和白云石均处于过饱和状态，这表明 HCO_3^- 浓度的升高不仅受含水层中碳酸盐溶解的控制[152]，而且可能受到沉积物和地下水中有机物的氧化的影响[153]。地下水中岩盐全部处于不饱和状态，此外，在大多数地下水水样中，菱铁矿及蒸发岩（石膏）的 SI 值为负值，处于不饱和状态。菱铁矿的沉淀是受砷影响含水层中一个重要的水文地球化学过程。

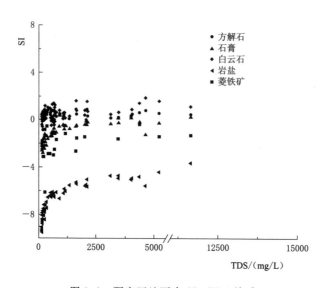

图 3.6　研究区地下水 SI‐TDS 关系

3.4.2　阳离子交替吸附作用

在径流缓慢区，随着水-岩作用的进一步加强，地下水中各离子的含量发生了改变。从地下水南部山区补给区到北部平原排泄区，地势逐渐变缓，含水层中黏土矿物的比重逐渐增加，附着其表面的 Na^+ 容易被溶于水中的 Ca^{2+} 所代替，在这种情况下地下水中 Ca^{2+} 含量减少，Na^+ 增加。

为了进一步说明研究区地下水中阳离子发生交换作用的可能性，用 Schoeller 氯碱指数（CAI1 和 CAI2）来判断地下水中 Na^+、K^+ 与吸附态的 Ca^{2+}、Mg^{2+} 的交换过程。CAI1 和 CAI2 的表达公式为

$$CAI1 = \gamma[Cl^- - (Na^+ + K^+)]/\gamma Cl^- \tag{3.1}$$

$$CAI2 = \gamma[Cl^- - (Na^+ + K^+)]/\gamma(SO_4^{2-} + HCO_3^- + NO_3^- + CO_3^{2-}) \tag{3.2}$$

当地下水中 Na^+、K^+ 与吸附态的 Ca^{2+}、Mg^{2+} 时发生交换时，CAI1 和 CAI2 的数值均大于 0；当地下水中 Ca^{2+}、Mg^{2+} 与吸附态的 Na^+、K^+ 时发生交换时，CAI1 与 CAI2 的数值均小于 0；当两者的绝对值越大时，表明离子间的交换作用越强烈[154]。由图 3.7 可以看到，研究区 69% 的地下水样品的 CAI1

和 CAI2 值小于 0；31％的地下水样
品的 CAI1 和 CAI2 值大于 0；说明
地下水中主要存在的反应是地下水中
的 Ca^{2+} 取代矿物表面的 Na$^+$。阳离
子间的交换作用间接影响了区域地下
水化学的演变过程。

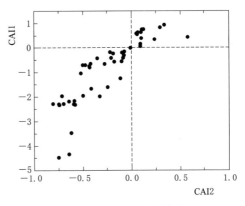

图 3.7　地下水氯碱指数关系

3.4.3　人类活动的影响

　　人类活动对地下水组分的影响主
要包括两个方面：一是人类生活和生
产过程中产生的污染物直接影响了地
下水中的化学组分；二是人类活动改
变了地下水的形成条件使得地下水中的化学组分发生改变[66]。研究区属于干旱
区，降水量小且蒸发量大，地下水是当地水资源重要的组成部分。由于生活和
农业需要，研究区开采了大量的地下水资源，使得区域地下水水位严重下
降[155]，导致该区水地下水的补给条件发生了变化，从而影响地下水中的溶滤、
浓缩、阳离子交换等作用。

3.5　地下水中 As 与 NH$_4^+$ − N、Eh、pH 值的变化关系

　　表 3.3 显示出了样本数量，以及每个地貌单元 As 与 NH$_4^+$ − N、Eh、pH 值
的平均值。由表 3.3 可以看出，在研究区域范围内，山前砾质倾斜平原、冲洪
积平原上部、中部和下部的 As 的含量分别为 5μg/L、6.35μg/L、65.38μg/L 和
111.49μg/L，中部和下部的 As 浓度远远超过了《生活饮用水卫生标准》（GB
5749—2006）的标准（As 浓度小于 10μg/L），这表明地下水中 As 的富集可能
与地下水的运动状态有关。NH$_4^+$ − N 的来源主要为农业化肥和人畜粪便中的铵
根离子通过淋滤作用进入地下水中，然后地下水中的含氮有机物通过氨化作用
产生 NH$_4^+$ − N，封闭的地质环境和研究区域强蒸发少降雨的地理环境使还原环
境增加，地下水中的 NO$_3^-$ 也随时间还原为铵根离子。而 NH$_4^+$ − N 在研究区的
平均浓度为 0.06mg/L、0.26mg/L、0.59mg/L 和 0.33mg/L，远低于世界卫生
组织的标准[11]（NH$_4^+$ − N 浓度为 1.5mg/L），表明 NH$_4^+$ − N 对砷浓度的影响
较小。

　　研究区内的 Eh 变化为 −60～80mV，范围为 −216.00～194.00mV，属于强
还原环境。pH 值为 7.81～8.55，呈弱碱性环境。

表 3.3　　各地区地下水中 As 与 NH_4^+-N、Eh、pH 值含量的平均值

位　　置	样品数量	As/(μg/L)	NH_4^+-N/(mg/L)	Eh/mV	pH 值
山前砾质倾斜平原	3	5.00	0.06	79.00	8.10
冲洪积平原上部	15	6.35	0.26	54.60	7.81
冲洪积平原中部	17	65.38	0.59	−60.06	8.16
冲洪积平原下部	15	111.49	0.33	18.67	8.55

3.6 不同区域下最高 As 地下水样品中 As、NH_4^+-N、Eh、pH 值的差异

表 3.4 显示了各地貌单元测得的最高 As 浓度样品，以及这些样品的 Eh、NH_4^+-N 浓度和 pH 值。由于每个地貌单元样本的数量不同，因此每个地貌单元选取 3 个地下水样品分析（冲洪积平原上部只有 1 个样品超标，3 个样品也是方差分析所需的最小样本量）。根据表 3.4，As 浓度范围为 19.3～887μg/L，NH_4^+-N 浓度范围为 0.07～0.93mg/L，显示出不同位置的巨大差异，而 Eh 值范围为 −209～110mV，为还原环境，pH 值范围为 7.70～9.50，整个地区呈弱碱性。

表 3.4　　各地区最高 As 地下水样品中 As 与 NH_4^+-N、Eh、pH 值的含量值

位　　置	行政区域	As/(μg/L)	NH_4^+-N/(mg/L)	Eh/mV	pH 值
冲洪积平原上部	九间楼乡	19.30	0.12	110.00	7.70
冲洪积平原中部	车排子镇	887.00	0.43	−96.00	9.50
	头台乡	150.70	0.26	−209.00	8.20
	车排子镇	59.70	0.40	46.00	8.60
冲洪积平原下部	石桥乡	887.00	0.93	65.00	8.60
	石桥乡	132.60	0.07	31.00	9.00
	石桥乡	89.00	0.05	52.00	8.90

用单因素方差分析的方法查明不同位置之间地下水样品中 As 浓度和 NH_4^+-N 浓度、Eh 和 pH 值是否有显著差异。方差分析结果显示，对于不同地貌单元的 NH_4^+-N 浓度（$F=4.67$，$MS=226426.2$，$P<0.05$），As 浓度差异显著（$F=$

4.05，MS＝111008.5，$P < 0.05$）。而对于 Eh（$F = 4.15$，MS $= 227256.1$，$P < 0.05$）和 pH 值（$F = 4.37$，MS $= 211855.2$，$P < 0.05$）则无统计学意义。如图 3.8 所示，As 与 NH$_4^+$ - N 浓度的系数显著（$r = 0.78$），As 与 Eh、pH 值的相关性不显著（$r = -0.19$ 和 $r = -0.09$）。

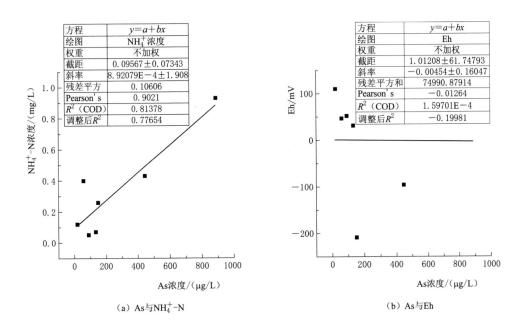

（a）As与NH$_4^+$-N

（b）As与Eh

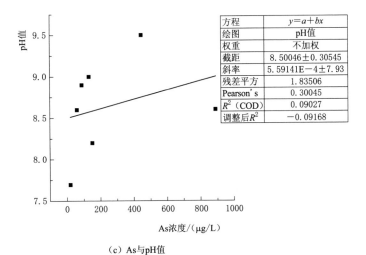

（c）As与pH值

图 3.8　研究区不同位置最高 As 浓度与其他指标相关系数

3.7　地下水中 N 的主要种类及对 As 的影响

如前文所述，As 浓度最高的地下水样品的 Eh 与 pH 值在不同位置都没有显著差异变化，因此认为不同地貌单元的地下水在 Eh - pH 图上的位置是相似的。Eh - pH 图主要描绘占优势水的流动相和固定相[12]。研究表明，在 As 的 Eh - pH 图中，As 浓度较高的地下水样品中的 As 主要以砷酸氢（$HAsO_4^{2-}$）的形式存在，结合奎屯河流域的自然地理环境与地下水的还原环境，人为影响对地下水中砷的影响较小，可以确定地下水中 N 的优势组份为 NH_4^+。

本研究测得的 NH_4^+ 是 N 的优势组份，由于 $NH_4^+ - N$ 与 As 浓度呈正相关（图 3.8），因此认为研究区地下水中 $NH_4^+ - N$ 促进了 As 浓度的增加。地下水中的高 $NH_4^+ - N$ 为微生物活动提供了养分，而微生物活动又通过消耗氧气，进而创造地下水条件，促进地下水 As 的释放。但 $NH_4^+ - N$ 浓度与 Eh、Eh 与 As 浓度无相关性（$r = -0.19$），对于最高 As 浓度样品，可以用此假设。而 $NH_4^+ - N$ 浓度在浓度增加中的具体化学作用及对 As 释放的影响，还要必须进一步检验。

3.8　地下水中 As 富集的主要影响因素

在表 3.5 显示的地下水不同理化参数相关系数矩阵中，各指标变量之间的相关系数都较高，绝大多数两两变量间的系数值都超过了 0.3。As（total）与 pH 值、PO_4^{3-} 的相关性较为显著，相关系数分别为 0.407 与 0.537。As（Ⅲ）与 Eh、PO_4^{3-} 在 0.01 水平显著相关，与 pH 值在 0.05 水平显著相关。因为磷酸根与砷酸根的化学结构和性质较相似，且都与铁氧化物存在亲和性，所以磷酸根与砷酸根有很强的竞争性。这表明在地下水系统中酸碱性、还原条件和离子的竞争吸附对砷的迁移影响较大。而 EC 与 SO_4^{2-}、Mn，Mn 与 HCO_3^- 的含量表现显著相关性，也揭示出地下水中溶解的离子与还原环境有关。

综上所述，在最高砷浓度的样品中，As 浓度与 Eh、pH 值不随地貌单元的变化而变化，而 As 和 $NH_4^+ - N$ 的浓度显著变化研究区域的还原环境和弱碱性环境对地下水中砷的富集有一定的影响，砷的迁移转换与富集因素与研究区的自然地理环境是密不可分的。研究区最高砷浓度样品中地下水 As 的浓度与 $NH_4^+ - N$ 浓度呈正相关。

表 3.5 地下水水样中主要指标间的相关系数矩阵

指标	As (total)	As (Ⅲ)	Eh	pH值	EC	F⁻	COD	HCO₃⁻	Fe	Mn	NH₄⁺	SO₄²⁻	PO₄³⁻
As (total)	1	0.160	−0.064	0.407**	−0.072	0.255	0.106	−0.147	−0.066	−0.116	0.146	−0.119	0.537**
As (Ⅲ)	0.160	1	−0.406**	0.313*	−0.186	0.035	−0.059	−0.179	−0.039	−0.143	0.055	−0.184	0.597**
Eh	−0.064	−0.406**	1	0.025	−0.255	−0.015	−0.107	−0.133	−0.001	−0.209	−0.048	−0.243	−0.318*
pH值	0.407**	0.313*	0.025	1	−0.288*	0.523**	0.079	−0.405**	−0.305*	−0.396**	−0.131	−0.354*	0.684**
EC	−0.072	−0.186	−0.255	−0.288*	1	−0.002	0.371**	0.513**	0.297*	0.612**	0.210	0.959**	−0.147
F⁻	0.255	0.035	−0.015	0.523**	−0.002	1	0.119	−0.039	−0.039	−0.089	−0.102	−0.052	0.472**
COD	0.106	−0.059	−0.107	0.079	0.371**	0.119	1	0.194	0.104	0.146	0.016	0.334*	0.095
HCO₃⁻	−0.147	−0.179	−0.133	−0.405**	0.513**	−0.039	0.194	1	0.539**	0.905**	0.172	0.621**	−0.166
Fe	−0.066	−0.039	−0.001	−0.305*	0.297*	−0.039	0.104	0.539**	1	0.580**	−0.019	0.411**	−0.083
Mn	−0.116	−0.143	−0.209	−0.396**	0.612**	−0.089	0.146	0.905**	0.580**	1	0.233	0.720**	−0.182
NH₄⁺	0.146	0.055	−0.048	−0.131	0.210	−0.102	0.016	0.172	−0.019	0.233	1	0.251	0.040
SO₄²⁻	−0.119	−0.184	−0.243	−0.354*	0.959**	−0.052	0.334*	0.621**	0.411**	0.720**	0.251	1	−0.188
PO₄³⁻	0.537**	0.597**	−0.318*	0.684**	−0.147	0.472**	0.095	−0.166	−0.083	−0.182	0.040	−0.188	1

注 ** 表示双尾检验在 0.01 水平相关性显著；* 表示双尾检验在 0.05 水平相关性显著。

第4章 含水层沉积物特征

4.1 沉积物样品采集与测试

不同水文地质条件下的沉积物矿物组成不同，故其水-岩相互作用过程也不相同。为了揭示奎屯河流域沉积物特征对含水层砷含量的影响，有必要在高砷地下水集中分布的冲洪积细土平原及冲积细土平原中钻孔采集沉积物样品，进行分析研究。

依据 2017 年地下水样品测试结果，选取两个典型高砷点确定开凿钻孔位置及深度。于 2019 年 8 月在奎屯河流域下游（冲积细土平原）石桥乡梧桐村大型棉花地开凿 1 个 90m 钻孔 C，在研究区中游（冲洪积细土平原）头台乡三泉居民点农家小型菜地开凿了 1 个 45m 钻孔 D，在钻孔 C 中采集沉积物样品 30 组，钻孔 D 中采集沉积物样品 14 组。每 3m 采集 1 组沉积物样品，如果岩性突变，则加大采样密度。取样时，用刻刀剥去泥皮，取沉积物岩心，放入干净的保鲜袋中密封，再低温保存送往实验室。

沉积物样品取回实验室后，将其置于无风阴凉处自然干燥，然后研磨至 200 目以下，将样品进行标记后取 10g 样品于中国科学院新疆生态与地理研究所生态与环境分析测试中心进行沉积物化学组分检测，检测依据为《固体废物 金属元素的测定 电感耦合等离子体质谱法》（HJ 766—2015），测试项目包括 As、Fe、Mn、Ca、Mg 和 Cu。土壤标准物质 GBW07454（GSS-25）的测定值与标准值吻合，样品加标回收率为 93.4%～103.6%，符合控制范围要求。

在新疆农业大学岩土实验室进行沉积物粒度分析，方法为综合法，即粗颗粒土样（$\geqslant 75\mu m$）采用筛分法，细颗粒土样采用密度计法，综合两种测量方法成果得到最终结论。

筛分法是让砂土通过一整套按孔径从大到小依次排列的标准土壤筛进行逐层筛分，在筛分完成后通过天平称量每层标准土壤筛中剩余的颗粒，并记录颗粒质量及筛子的孔径，以便计算砂土颗粒粒度分布。

密度计法凭借斯托克斯定律来测定，当液体中的土样在自重作用下开始沉降时，越大的颗粒沉降速度越快，越小的颗粒沉降速度越慢。密度计法是一种仅适用于粒度小于 $75\mu m$ 细颗粒土样的静水沉降分析法。首先将 30g 细颗粒土样放入量筒中，向其加入纯水并进行搅拌，使土粒均匀分布于水中混合成1000mL浓度均匀的悬液，将混合均匀的悬液静置一定时间促使土粒沉降，在土样发生沉降的过程中，利用密度计测定不同时间下的悬液密度，以密度计读数及其对应的沉降时间为基础，即可算出低于某一粒度的颗粒占总颗粒的比例。

沉积物的水力传导系数测试也在新疆农业大学岩土实验室完成。本次所取土样大都为渗透性小的黏性土，因此采用变水头法测定水力传导系数。首先利用环刀切取击实后的土样，然后把凡士林涂抹在环刀外侧并装入护环中，组装渗透容器，将其进水孔和变水头装置对接，在发现出水口有水滴流出时，对变水头管内初始水头高度、时间进行记录，接下来按照相同的时间间隔来记录水头、时间、出水口水温，算出沉积物的水力传导系数。

4.2 沉积物岩性特征

首先将研究区2个钻孔中所取的44组沉积物样品的粒径分布数据绘制于钻孔沉积物粒度分布图中（图4.1）。由图4.1可以看出在钻孔C沉积物中粉砂或黏土（粒度 $\phi < 63\mu m$）平均含量为59.2%，细砂（$63\mu m < \phi < 200\mu m$）平均含量为30.5%，中砂（$200\mu m < \phi < 630\mu m$）平均含量为9.6%，粗砂（$\phi > 630\mu m$）平均含量为0.7%；在地下0~18m的岩性为粉砂或黏土，沉积物颜色以暗黄（棕）色为主，其中在0~6m、12m深度附近粉砂或黏土含量均达到90%以上。

从图4.1中可以看出，钻孔D沉积物中粉砂或黏土平均含量为82.2%，细砂平均含量为9.8%，中砂平均含量为3.5%，粗砂平均含量为4.5%。

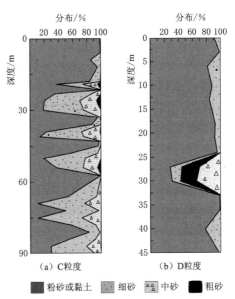

图4.1 钻孔C、D沉积物在垂向上的粒度分布变化

4.3 沉积物物理化学特征

钻孔C中，全段多为粉细砂，在地下3m以内夹杂黏土（图4.2）。在地下18~21.5m的岩性以粉砂或黏土为主，沉积物颜色多以黄棕色为主，其中在

19m深度附近岩性为细砂，沉积物颜色为暗红色；在地下 21.5～32m 的岩性为细砂，沉积物颜色多以黑色为主；在地下 32～36m 的岩性为粉砂或黏土，沉积物颜色以黄褐色为主，其中在 33m 深度附近粉砂或黏土含量达到 90% 以上；在地下 36～42m 的岩性为细砂，沉积物颜色以黑褐色为主；在地下 42～48m 的岩性以粉砂或黏土为主，沉积物颜色以黄褐色为主，其中在 44～45m 深度附近粉砂或黏土含量均达到 90% 以上；在地下 48～77m 的岩性以细砂为主，沉积物颜色以黑（灰）为主，其中在地下 55～65m 的岩性为粉砂或黏土，沉积物颜色以黄色为主，在 57.5m 深度附近粉砂或黏土含量达到 90% 以上；在地下 77～84m 的岩性为粉砂或黏土，沉积物颜色多以黄色为主；在地下 84～90m 的岩性为细砂，沉积物颜色多以土黄色为主（图 4.2）。钻孔 D 中，以粉细砂和黏土居多，颜色多为黄色与黑色（部分样品见图 4.3）在地下 0～25m 的岩性为粉砂或黏土，沉积物颜色以黄棕（褐）色为主，其中，除 6～13m 深度附近外，其余深度附近粉砂或黏土含量均达到 90% 以上；在地下 25～31m 的岩性为粗砂，沉积物颜色以黑褐色为主；在地下 31～45m 的岩性为粉砂或黏土，沉积物颜色以黄色为主。总体来看，钻孔 D 沉积物的粒径小于钻孔 C1 沉积物。

图 4.2　钻孔 C 81～90m 沉积物样品

图 4.3 钻孔 D 部分沉积物样品

通过对沉积物中元素的定量分析和特征研究，不仅可以发现其部分基本地球化学特征，而且有助于揭示该地区沉积物中元素的总体特征及分布情况，是分析其地球化学特征的重要手段之一[156]。在本次研究中选取的元素为 As、Fe、Mn、Ca、Mg 和 Cu。

首先对研究区两个钻孔中所取 44 组沉积物样品的粒径分布及化学组分数据进行分析处理，分别绘制钻孔沉积物在垂向上粒度分布及化学组分含量的变化（图 4.4）以及孔沉积物样品的化学成分（表 4.1 和表 4.2）。

由图 4.2 和表 4.1 可以看出钻孔 C 沉积物中 As 含量为 8.36～28.41mg/kg，平均值和中值分别为 15.26mg/kg 和 14.43mg/kg，随着深度的增加，沉积物中砷含量呈现出先减后增往复循环的趋势。在地下 43m 处的黄褐色粉砂或黏土中 As 含量最高为 28.41mg/kg，在地下 57.5m、33m 处的粉砂或黏土层和 66m 处的黑色细砂层中 As 含量略低于最高值，分别为 21.62mg/kg、25.79mg/kg 和 21.31mg/kg。在地下 78m 处的粉砂或黏土层中砷含量变化最明显，由 75m 处的 9.44mg/kg 增至 24.85mg/kg。钻孔 C 在 78～90m 深度的沉积物中砷含量较高在 14.30～24.85mg/kg（该深度为采样点层位），其中 81m 处的黏土层中 As 含量高达 22.38mg/kg，沉积物颜色多以黄色为主。

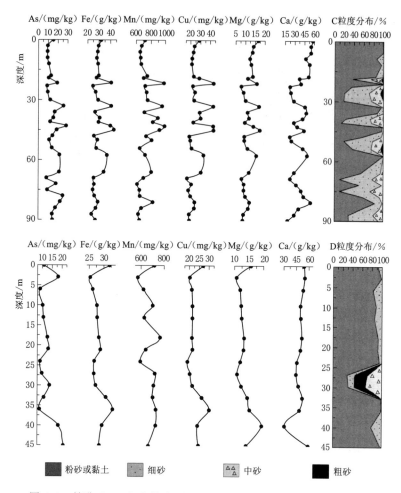

图 4.4　钻孔 C、D 沉积物在垂向上粒度分布及化学组分含量的变化

表 4.1　　　　　　　　　　　钻孔 C 沉积物样品的化学成分

样品编号	深度/m	As /(mg/kg)	Mg /(g/kg)	Ca /(g/kg)	Mn /(mg/kg)	Fe /(g/kg)	Cu /(mg/kg)
1	0	15.18	16.59	58.03	720.58	31.91	28.77
2	3	9.48	14.14	54.64	673.96	29.74	24.15
3	6	9.60	13.68	54.91	651.28	28.86	23.09
4	9	9.43	12.30	46.89	659.73	28.00	21.63
5	12	10.72	12.95	52.33	666.25	29.01	21.43
6	18	13.02	13.79	51.04	747.10	29.90	23.17
7	19	10.75	11.40	37.34	704.42	28.03	28.98

样品编号	深度/m	As /(mg/kg)	Mg /(g/kg)	Ca /(g/kg)	Mn /(mg/kg)	Fe /(g/kg)	Cu /(mg/kg)
8	21.5	19.19	15.87	39.47	982.13	40.43	43.31
9	23	9.09	7.96	22.88	723.75	24.84	22.23
10	26	9.63	9.12	23.87	741.18	27.37	24.65
11	30	12.16	10.28	28.09	755.96	29.50	23.64
12	33	25.79	17.04	45.87	955.04	40.53	42.80
13	36	16.77	11.22	47.56	713.67	26.78	29.49
14	39	15.38	11.88	41.87	896.62	30.78	30.53
15	41	12.14	9.79	28.65	824.62	29.74	22.79
16	43	28.41	14.30	33.90	988.61	40.07	42.89
17	45	18.89	17.50	44.00	919.98	42.99	43.64
18	48	14.56	9.53	22.25	739.67	25.97	18.84
19	50	11.29	9.51	24.78	811.82	28.35	19.79
20	54	13.74	11.20	42.28	650.49	27.62	21.20
21	57.5	21.62	15.53	49.16	727.15	37.13	33.41
22	66	21.31	11.88	29.08	809.03	34.17	30.59
23	69	8.36	8.16	22.67	702.92	25.53	16.53
24	72	18.07	9.35	32.40	614.74	25.94	20.75
25	75	9.44	9.21	40.01	649.24	24.79	18.06
26	78	24.85	10.08	43.82	651.88	26.36	20.15
27	81	22.38	12.22	54.72	832.14	29.20	24.29
28	84	17.45	11.56	36.07	673.65	27.68	23.66
29	87	14.30	9.08	29.90	632.55	23.88	18.77
30	90	14.72	8.85	19.22	648.31	27.20	19.11

表 4.2　　　　　　钻孔 D 沉积物样品的化学成分

样品编号	深度/m	As /(mg/kg)	Mg /(g/kg)	Ca /(g/kg)	Mn /(mg/kg)	Fe /(g/kg)	Cu /(mg/kg)
1	0	10.69	15.59	54.13	712.89	31.95	27.08
2	3	18.07	10.70	55.20	574.37	25.35	20.09
3	6	8.84	11.94	53.20	620.66	26.11	21.27
4	10	10.15	12.37	50.04	701.36	27.70	21.62
5	13	10.63	12.51	50.40	630.75	27.81	21.69

样品编号	深度/m	As /(mg/kg)	Mg /(g/kg)	Ca /(g/kg)	Mn /(mg/kg)	Fe /(g/kg)	Cu /(mg/kg)
6	18	12.55	13.33	51.98	764.15	28.43	21.40
7	21	13.24	13.19	50.20	646.18	28.95	21.66
8	24	8.92	12.13	46.18	600.62	26.89	19.10
9	27	9.87	11.07	45.22	723.73	26.67	20.34
10	30	13.67	12.48	47.96	710.68	27.43	21.69
11	33	10.87	14.49	52.36	703.37	30.90	26.59
12	36	8.69	15.43	49.07	732.00	33.17	30.23
13	40	18.37	19.55	31.21	727.54	29.58	24.44
14	45	21.01	14.18	60.01	666.30	28.64	24.80

钻孔 C 沉积物中 Fe 含量为 23.88～42.99g/kg，平均值和中值分别为 30.08g/kg 和 28.60g/kg；Mn 含量为 614.74～988.61mg/kg，平均值和中值分别为 748.95mg/kg 和 722.16mg/kg；Cu 含量为 16.53～43.64mg/kg，平均值和中值分别为 26.08mg/kg 和 23.41mg/kg；Mg 含量为 7.96～17.50g/kg，平均值和中值分别为 11.87g/kg 和 11.48g/kg；Ca 含量为 19.22～58.03g/kg，平均值和中值分别为 38.59g/kg 和 39.74g/kg。钻孔 C 中随深度的增加沉积物各元素含量之间具有相关性，在 As 含量相对较低的砂层中，对应的 Fe、Mn、Cu、Mg、Ca 的含量也较低，表明沉积物中 As 与 Fe、Mn、Cu、Mg、Ca 的含量均为正相关。

由图 4.1 和表 4.2 可以看出钻孔 D 沉积物中 As 含量为 8.69～21.01mg/kg，平均值和中值分别为 12.54mg/kg 和 10.78mg/kg，其中值小于平均值，表明其分布在不同程度上受到极值的影响。随着深度的增加，沉积物中砷含量呈现出先增后减往复循环的趋势，两处钻孔中 As 含量均高于典型的现代松散型沉积物（5～10mg/kg）[101]。钻孔 D 中沉积物在地下 45m 处 As 含量最高为 21.01mg/kg，在地下 3m、40m 处的粉砂或黏土层中 As 含量略低于最高值分别为 18.07mg/kg 和 18.37mg/kg。

钻孔 D 沉积物中 Fe 含量为 25.35～33.17g/kg，平均值和中值分别为 28.54g/kg 和 28.12g/kg；Mn 含量为 574.37～764.15mg/kg，平均值和中值分别为 679.61mg/kg 和 702.36mg/kg；Mg 含量为 10.70～19.55g/kg，平均值和中值分别为 13.50g/kg 和 12.85g/kg；Ca 含量为 31.21～60.01g/kg，平均值和

中值分别为 49.80g/kg 和 50.30g/kg；Cu 含量为 19.10～30.23mg/kg，平均值和中值分别为 23.00mg/kg 和 21.67mg/kg。由钻孔 D 沉积物中 As 与其他元素含量随深度的变化规律可知，在钻孔 D 的 As 含量相对较低的砂层中，对应的 Mg、Ca 的含量也较低，而 Fe、Mn、Cu 含量均较高，表明 As 与 Mg、Ca 呈现正相关，与 Fe、Mn、Cu 呈现负相关。

综上所述，黏土层中 As 含量较高，砂层中 As 含量较低，这表明沉积物中 As 含量与岩性关系密切；在相同深度时，钻孔 C 沉积物粒度普遍大于钻孔 D，但其砷含量普遍低于钻孔 D，也可以证明上述结论；仅在钻孔 C 中 36～42m、66～72m 处的深色细砂层出现砷含量极高的情况（最大值分别为 20.27mg/kg 和 21.31mg/kg），这可能是由于该砂层有机质含量相对较高，导致沉积物易富集砷[157]。

4.4 沉积物粒度特征

为了进一步了解不同粒度的沉积物在砷迁移转化过程中所发挥的作用，将沉积物颗粒按照粒径分为 5 类：粒径 $\phi < 16\mu m$、$16\mu m < \phi < 20\mu m$、$20\mu m < \phi < 63\mu m$、$63\mu m < \phi < 200\mu m$、$\phi > 200\mu m$。对不同粒径区间的沉积物颗粒所占比例与沉积物中砷含量的关系进行分析，如图 4.5 所示。随着沉积物粒径的增加（粒径由小于 $16\mu m$ 增加到大于 $200\mu m$），其与砷之间的关系也发生了对应的变化。当沉积物颗粒粒径在 $\phi < 16\mu m$、$16\mu m < \phi < 20\mu m$ 时，沉积物中 As 含量有随着颗粒所占比例的增大而呈现增大的趋势，在沉积物颗粒粒径在 $20\mu m < \phi < 63\mu m$、$63\mu m < \phi < 200\mu m$、$\phi > 200\mu m$ 时，沉积物中 As 含量有随着颗粒所占比例的增大而呈现减少的趋势。总体而言，沉积物中砷含量有随着粒径减少而呈现增大的趋势，但也有其他情况存在，例如粒径 $\phi < 16\mu m$ 的沉积物颗粒所占比例较小，砷含量却较高；而粒径 $63\mu m < \phi < 200\mu m$ 的沉积物颗粒所占比例较大，砷含量也较高。表明在沉积物中粒径大小不是影响砷富集的唯一因素，如沉积物的矿物组分和人类活动等都会影响沉积物中砷的富集[155]。

运用 SPSS 软件对不同粒径区间的沉积物颗粒所占比例与沉积物中砷含量进行相关性分析（表 4.3）可知，在粒径 $\phi < 16\mu m$ 时，沉积物 As 含量与颗粒所占比例之间呈现显著正相关关系（相关性最强），在 $16\mu m < \phi < 20\mu m$ 时，相关性次之，表明沉积物中 As 含量与粒径大小关系紧密，沉积物的颗粒越小砷越富集。这可能是因为沉积物的粒度小，比表面积大，颗粒表层携带的电荷多，有利于砷的吸附[86]；同时，通常情况下，沉积物颗粒越细，有机质含量越高，其

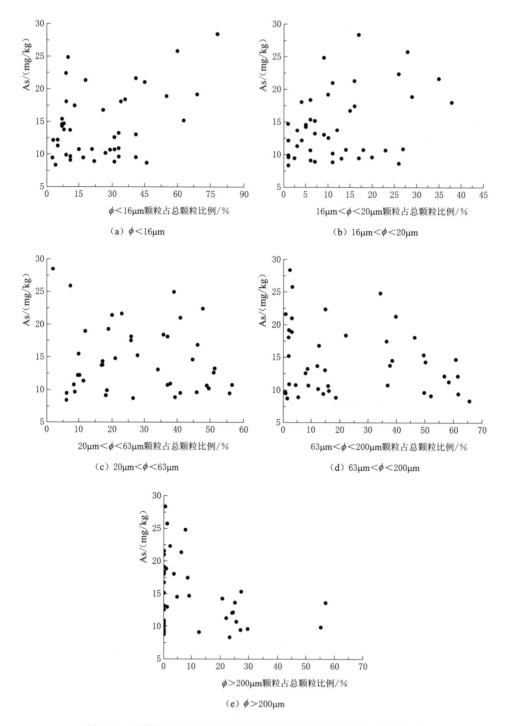

图 4.5　不同粒径区间的沉积物颗粒所占比例与沉积物中砷的关系

不仅能增强颗粒的物理吸附能力，而且还可以增加颗粒表面的吸附点位，有利于砷的富集[155]；此外，含水层沉积物颗粒越细，大气中氧气越难向含水层扩散，使部分区域的地球化学环境以还原性为主，为地下水中砷的富集提供有利的条件。在 $20\mu m < \phi < 63\mu m$、$63\mu m < \phi < 200\mu m$、$\phi > 200\mu m$ 时，沉积物 As 含量与颗粒所占比例之间均呈现负相关关系且相关性不断增强，表明沉积物的颗粒越粗，砷含量越低，这可能是因为含水层沉积物粒径较大，比表面积较小，导致其吸附能力降低，不利于砷在颗粒表层的吸附；此外，沉积物颗粒越粗，大气中氧气越容易向含水层扩散，使部分区域的地球化学环境以氧化性为主，不利于地下水中砷的富集。因此，由上述可知沉积物中砷含量主要受到颗粒粒径的控制，随着沉积物岩性由粗砂到粉砂或黏土，粒径由大到小，砷含量逐渐升高，在富含有机质的粉砂和黏土中逐渐富集。

表 4.3 不同粒径区间的沉积物颗粒所占比例与沉积物中砷相关性分析结果

粒径区间	$\phi < 16\mu m$	$16\mu m < \phi < 20\mu m$	$20\mu m < \phi < 63\mu m$	$63\mu m < \phi < 200\mu m$	$\phi > 200\mu m$
相关系数	0.403**	0.354*	−0.184	−0.201	−0.256

注 ** 在 0.01 级别，相关性显著；* 在 0.05 级别，相关性显著。

4.5 水动力条件对沉积物中砷的影响

钻孔 C、D 沉积物的水力传导系数随深度的变化如图 4.6 所示。钻孔 C 沉积物水力传导系数范围为 0.0000435～0.14958m/d，平均值和中值分别为 0.02712m/d 和 0.008687m/d；D 水力传导系数范围为 0.0000517～0.07943m/d，平均值和中值分别为 0.008755m/d 和 0.0007193m/d。总体来看，随着深度的增加，钻孔 C、D 均呈现先增后减往复循环的趋势，但在相同深度时钻孔 C 沉积物水力传导系数普遍大于钻孔 D，这是因为钻孔 D 沉积物中粉砂或黏土含量远高于钻孔 C。

钻孔 C、D 沉积物水力传导系数与沉积物中 As 含量的关系如图 4.7 所示，钻孔 C 沉积物的水力传导系数与沉积物中 As 含量呈现负相关（$r = -0.267$），钻孔 D 沉积物的水力传导系数与沉积物中 As 含量也呈现负相关（$r = -0.190$）。沉积物中 As 含量有随着水力传导系数的增加而呈现减少的趋势，其原因可能是水力传导系数较小的含水层水动力条件较差，地表水-地下水的循环受阻，氧气难以进入含水层，促使含水层中孕育出了有利于砷富集的还原环境。因此，地下水的水动力条件对砷的富集有很大的影响。在相同深度时，钻孔 C 沉积物水力传导系数普遍大于钻孔 D，但其砷含量普遍低于钻孔 D 也可以证明上述结论。因此，水力传导系数较小的含水层沉积物中 As 含量较高。

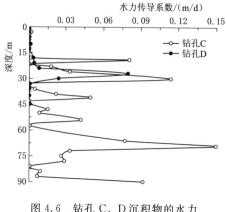

图 4.6　钻孔 C、D 沉积物的水力
传导系数随深度的变化

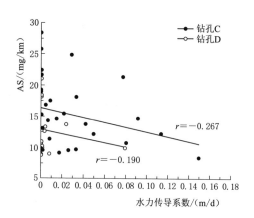

图 4.7　钻孔 C、D 沉积物水力传导系数
与沉积物中 As 含量的关系

根据野外调查可知，两钻孔所在地区均采用地下水灌溉且长期使用化肥及含砷农药等；钻孔 C、D 附近地下水水位埋深均在 20~30m[99]。两个钻孔近地表沉积物中砷含量均较高，其中钻孔 C1 在地表土壤中砷含量为 15.18mg/kg，可能是由于灌溉抽水将高砷地下水带到地表，随着灌溉结束，地下水水位下降，大量氧气进入土壤形成一个相对氧化环境，使大部分砷在表层土壤中聚集[99]。此外，这也可能是对化肥、含砷农药等长期使用所造成的[150]。钻孔 C2 中地表处砷含量（10.69mg/kg）远低于地下 3m 处 As 含量（18.07mg/kg），这可能是由于长时间施用化肥、含砷农药等使地表富集大量的砷，而灌溉抽取的低砷地下水对地表的冲刷及淋滤作用，使砷进入地下。

灌溉产生的地下水水位波动引起的 pH 值与氧化还原状态的变化促进了含水层中 Fe、Mn 化合物的溶解，将其表层吸附的砷释放到地下水中[158]，钻孔 C 在78~90m 深度的沉积物中砷含量较高，为 14.30~24.85mg/kg（该深度为采样点层位），地下水中砷含量较高为 99.97μg/L，通过长期的水-岩相互作用，沉积物中可交换态砷极易进入地下水中，这是高砷地下水形成的一个重要途径[145]。此外，含水层的水力传导系数越大，沉积物粒径越粗，水流流速越快，使吸附在沉积物表层的砷被冲刷进入地下水中，导致地下水中砷含量的升高。

钻孔 D 在 40~45m 深度的沉积物中砷含量最高（该深度为采样点层位），但地下水中砷含量未超标，这可能是由于水力传导系数越小的含水层，沉积物粒度越细，水流流速越慢，地下水运输颗粒物能力也越低，首先沉降的是大颗粒物质，其表面水体中的砷随之迁移到沉积物体系中，随着流速的进一步降低，发生沉淀的悬浮物粒度越小[159]，由上述可知沉积物对砷的吸附能力与其粒度大小有紧密关系，沉降的悬浮物粒度越小，对砷的吸附能力越强，导致地下水中砷含量未超标。

总体而言，粒径较小的沉积物一方面通过其本身吸附的铁锰氧化物、有机质及其具有的较大的比表面积来影响砷的富集与分布；另一方面又通过水动力条件来影响地下水的流动，进而左右沉积物中砷的富集与迁移能力[160]。因此，研究沉积物的性质和分布对探究高砷地下水的成因具有指示意义。钻孔 C 中粉砂或黏土平均含量为 59.2%，细砂平均含量为 30.5%，中砂平均含量为 9.6%，粗砂平均含量为 0.7%，其中在地下 0~21.5m、32~36m、42~48m、55~66m 和 77~84m 主要为粉砂或黏土层位；钻孔 D 中粉砂或黏土平均含量为 82.2%，细砂平均含量为 9.8%，中砂平均含量为 3.5%，粗砂平均含量为 4.5%，其中在地下 0~25m、31~45m 主要为粉砂或黏土层位。总体来看，钻孔 D 沉积物的粒径小于钻孔 C 沉积物。钻孔 C 沉积物中 As 含量为 8.36~28.41mg/kg，平均值和中值分别为 15.26mg/kg、14.43mg/kg，As 与 Fe、Mn、Cu、Mg、Ca 的含量均为正相关；钻孔 D 沉积物中 As 含量为 8.69~21.01mg/kg，平均值和中值分别为 12.54mg/kg、10.78mg/kg，As 与 Mg、Ca 呈现正相关，与 Fe、Mn、Cu 呈现负相关；由沉积物中岩性与砷含量随深度的变化趋势可知黏土层中 As 含量较高，砂层中 As 含量较低，这表明沉积物中 As 含量与岩性关系密切。不同粒度的沉积物在砷迁移转化过程中所发挥的作用不同[160]，在粒径 $\phi < 16\mu m$ 时，沉积物 As 含量与颗粒所占比例之间呈现显著正相关关系（相关性最强），在 $16\mu m < \phi < 20\mu m$ 时，相关性次之，表明沉积物中 As 含量与粒径大小有紧密关系，沉积物的颗粒越小砷越富集；在沉积物颗粒粒径 $\phi > 20\mu m$ 时，均呈现负相关，表明沉积物中 As 含量随着颗粒所占比例的增大而减少。钻孔 C、D 沉积物的水力传导系数与沉积物中 As 含量均呈现负相关，表明地下水的水动力条件对砷的富集有很大的影响，水力传导系数较小的含水层沉积物中 As 含量较高。

第5章 地下水质量评价

奎屯河流域处于干旱半干旱地区,地下水被用于饮用和灌溉,曾发生过大规模的砷中毒事件[161]。也正因为如此,众多学者开始对奎屯河流域展开地下水研究。

近年来,针对地下水水质的研究越来越多。其中以饮用为目的的研究方法大致分为水质类别判定、水质污染指数和水质分类三种[162]。近年来比较常见的方法有 WPI 指数评价法、WQI 指数评价法和模糊综合评价等[163-165]。WPI 指数评价法计算简便,能识别主要污染因子,虽然可用于水质类别与定量评价,但是评价结果过于保守[166]。WQI 指数评价法能综合考量各类污染指标,避免个别水质指标较差而否定综合水体质量[167]。在此基础上,各种改进的 WQI 指数评价法被提出,其中包括加拿大环境部长理事会水质指数(CCME WQI)、基于熵权的 WQI 指数法、WQI_{min} 等方法[168-170]。但是大部分方法往往是依据专家经验打分赋予指标权重,即专家将各指标的权重设定为 $1\sim5$,采用加权算术指数法计算相对权重[171]。但是熵权法减少了主观选择权重所导致的误差,客观地对指标赋权,能够完整地表达地下水水质信息[172]。以灌溉为目的的水质评价主要是通过一些灌溉指标对水质进行分类,进而去判定水质是否适合灌溉[173]。目前,使用最广泛的指标包括钠吸收率(SAR)、钠百分比(Na%)、渗透指数(PI)、氯碱指数(CAI)和凯利指数(KI)等[174]。钠吸收率(SAR)和可溶性盐浓度(EC)可以构成 USSL 图,钠百分比(Na%)和可溶性盐浓度(EC)可以构成 Wilcox 图。二者都是通过对灌溉水质进行分类,从而判断出盐碱危害的强度[175]。

前文研究发现,奎屯河地区地下水砷的分布受水动力条件、岩性、土地利用类型控制。Zhang 等[176]研究发现,奎屯河流域无机离子主要来源于蒸发、浓度、溶解和过滤等过程,并使用综合指数法对奎屯河流域进行水质评价,发现奎屯河流域水质有从南向北恶化的趋势。本章对奎屯河流域乌苏市段的水质进行评价,综合指数法虽然实用,但是检出率较低的指标却无法参与计算。因此,本章采用单因子评价法和基于熵权的 WQI 指数法对研究区的水质进行评价,单因子评价法虽然会夸大水质恶劣程度,但是它可以有效应对指标检出率较低的问题,综合所有的指标进行评价。

5.1　水样采集

本节使用的水样包括 2017 年 6 月和 2019 年 8 月在奎屯河流域已有机井分别采集的地下水水样，采样点分布如图 3.1 所示。水样的采集、保存及送样过程如前文所述。运用阴阳离子平衡法进行计算可知，所有水样数据的电荷平衡绝对误差均小于 5%，为可靠数据。

5.2　饮用水水质评价方法

单因子评价方法为《地下水质量标准》（GB/T 14848—2017）提出的质量评价方法。即根据水质单指标分类的最高类别确定最终的水质综合评价结果。若同一指标不同地下水质量类别的指标限值相同，则从优不从劣。

基于熵权的 WQI 指数法[177]可大致分为两个步骤：

第一步，为熵权的计算。使样本 i 数量为 m，指标类别 j 数量为 n，构成 $m \times n$ 的矩阵。数据标准化方法很多，本书采用 $x_{\max} - x_{\min}$ 法，为

$$r_{ij} = \frac{x_{ij} - x_{\min}}{x_{\max} - x_{\min}} \tag{5.1}$$

式中　r_{ij}——i 水样 j 指标的标准值；

　　　$x_{\max}$——i 指标的最大值；

　　　$x_{\min}$——i 指标的最小值。

信息熵的计算为

$$e_j = -K \sum_{i=1}^{m} y_{ij} \ln y_{ij} \tag{5.2}$$

$$K = \frac{1}{\ln m} \tag{5.3}$$

其中，$y_{ij} = \dfrac{r_{ij}}{\sum\limits_{i=1}^{m} r_{ij}}$ ，当 $f_{ij} = 0$ 时，令 $f_{ij} \ln f_{ij} = 0$。

熵权的计算为

$$w_j = \frac{1 - e_j}{\sum_j (1 - e_j)} \tag{5.4}$$

第二步，为 WQI 指数的计算

$$q_{ij} = \frac{x_{ij}}{s_j} \times 100 \tag{5.5}$$

$$\mathrm{WQI}_i = \sum_{j=1}^{n} w_j \times q_{ij} \qquad (5.6)$$

其中，WQI 值分类见表 5.1；基本参数见表 5.2。

表 5.1 WQI 值 分 类

水质类别	优良	较好	中等	较差	极差
WQI 值	≤50	50~100	100~200	200~300	>300

表 5.2 基 本 参 数

水质指标	标准		潜水			承压水		
	地下水质量标准	WQI推荐值	最大值	最小值	平均值	最大值	最小值	平均值
EC/μs	—	1000.00	3090.00	4.62	813.12	6350.00	1.00	831.91
Eh/mV	—	—	110.00	−210.00	−14.38	194.00	−216.00	26.09
pH 值	6.5~8.5	—	8.90	7.04	8.00	9.50	7.23	8.11
Na^+/(mg/L)	200.00	—	699.23	1.01	192.97	2900.28	1.01	281.33
K^+/(mg/L)	—	20.00	11.67	1.15	2.91	7.53	0.83	2.81
Ca^{2+}/(mg/L)	—	200.00	374.53	5.24	88.74	593.07	4.03	87.88
Mg^{2+}/(mg/L)	—	150.00	300.45	4.15	52.80	524.34	1.22	52.04
TDS/(mg/L)	1000.00	—	4623.76	163.80	1017.57	11632.96	114.48	1311.94
TH/(mg/L)	500.00	—	1865.40	30.20	438.94	3639.51	18.10	433.66
COD_{Mn}/(mg/L)	3.00	—	2.99	0.70	1.89	9.47	0.58	2.10
Cl^-/(mg/L)	250.00	—	853.35	14.20	160.81	1671.15	7.10	244.51
SO_4^{2-}/(mg/L)	250.00	—	1389.29	13.68	247.31	2444.08	13.06	417.84
HCO_3^-/(mg/L)	—	120.00	250.43	83.07	128.99	572.06	78.18	147.84
F^-/(mg/L)	1.00	—	1.32	0.55	0.95	6.41	0.48	1.39
NH_4^+/(mg/L)	0.50	—	22.84	0.05	1.82	25.20	0.01	0.91
As/(mg/L)	0.01	—	0.13	ND	—	0.88	ND	—
NO_3^-/(mg/L)	20.00	—	21.26	ND	—	40.25	ND	—
NO_2^-/(mg/L)	1.00	—	0.22	ND	—	0.75	ND	—
Mn/(mg/L)	0.10	—	2.41	ND	—	2.14	ND	—
Fe/(mg/L)	0.30	—	0.20	ND	—	0.62	ND	—

5.3 灌溉水水质评价方法

本书选用钠吸附比（SAR）、渗透指数（PI）、镁危害指数（MH）对研究区的灌溉适宜性进行评价，计算公式为

$$SAR = Na^+ / \sqrt{(Ca^{2+} + Mg^{2+})/2} \tag{5.7}$$

$$PI(\%) = 100 \times (Na^+ + \sqrt{HCO_3^-})/(Na^+ + Ca^{2+} + Mg^{2+}) \tag{5.8}$$

$$MH = 100 \times (Mg^{2+})/(Ca^{2+} + Mg^{2+}) \tag{5.9}$$

公式中的离子浓度为当量浓度（meq/L）。

5.4 数据来源与处理

本书使用的 DEM 数据来源于 GDEMV3 30M 分辨率数字高程数据产品，土地利用类型数据来源于 Yang 等[178]于 2021 年发表的研究成果。对于研究区内 14 组潜水层水样和 47 组承压层水样检测数据，选取检出率较高的指标进行 IQR 异常值识别，采用中位数对异常值进行取代。斯皮尔曼相关性分析、矩阵散点图基于 SPSS 进行。空间插值分析、研究区流域边界提取均基于 Arcgis 进行。

5.5 水化学参数及相关性分析

5.5.1 地下水化学参数

原生水质是识别地下水水质及物理化学参数的最好途径[179]。为了更好地保留数据的特征，本书将不同层次的水样分开讨论。表 5.2 列出了水样的最大值、最小值、平均值等特征参数。并与《地下水质量标准》（GB/T 14848—2017）进行比较分析，其中缺少的标准值采用 *Guidelines for Drinking-Water Quality* 4th *ed.* 的推荐值[180]。

5.5.2 相关性分析

本书采用散点矩阵图对各项指标进行一个初步的相关性判断。散点图可以直观地判断两项指标之间是否存在某种关联，同时排除一部分由于数据分布距离过大所导致的错误相关。结果如图 5.1 所示。绘制相关性矩阵是用来表示地下水水文地球化学和物理化学特征数值关系的一种有效方法，由于本书所使用的数据不符合正态性，故采用斯皮尔曼相关性分析，并进行双尾检验。结果见表 5.3。

表 5.3　斯皮尔曼相关系数

基本指标	pH值	Na$^+$	K$^+$	Ca^{2+}	Mg^{2+}	TDS	TH	COD	Cl$^-$	SO$_4^{2-}$	HCO$_3^-$	As	NO$_3^-$	F$^-$	NH$_4^+$
pH值	1														
Na$^+$	−0.236	1													
K$^+$	−0.674**	0.444**	1												
Ca^{2+}	−0.777**	0.532*	0.710**	1											
Mg^{2+}	−0.694**	0.691**	0.647**	0.906**	1										
TDS	−0.428**	0.946**	0.567**	0.688**	0.789**	1									
TH	−0.747**	0.619**	0.686**	0.969**	0.971**	0.753**	1								
COD	−0.038	0.490*	0.182	0.176	0.298*	0.450*	0.268*	1							
Cl$^-$	−0.389**	0.904**	0.548**	0.718**	0.779**	0.947**	0.759**	0.367**	1						
SO$_4^{2-}$	−0.427**	0.881**	0.493**	0.718**	0.801**	0.939**	0.777**	0.386**	0.911**	1					
HCO$_3^-$	−0.224	0.431**	0.094	0.197	0.361**	0.433**	0.297*	0.392**	0.333*	0.391**	1				
As	0.594**	0.043	−0.517**	−0.385**	−0.241	−0.149	−0.309*	0.197	−0.108	−0.139	0.102	1			
NO$_3^-$	−0.489**	−0.038	0.583**	0.449**	0.253	0.151	0.376**	0.000	0.161	0.135	−0.110	−0.650**	1		
F$^-$	0.332*	0.539**	−0.060	−0.049	0.113	0.390**	0.025	0.348**	0.395**	0.305*	0.277*	0.334**	−0.312*	1	
NH$_4^+$	−0.370**	0.463**	0.147	0.360**	0.390**	0.525**	0.370**	0.187	0.462**	0.504**	0.160	−0.046	−0.124	0.048	1

注　** 表示两项指标在 0.01 级别呈现显著性；* 表示两项指标在 0.05 级别呈现显著性。

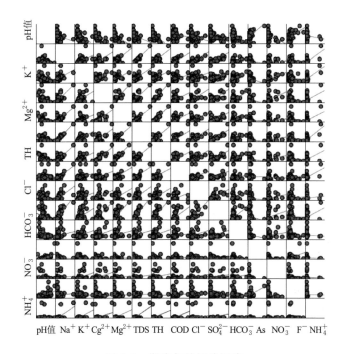

图 5.1　斯皮尔曼相关矩阵

（1）EC、Eh。EC 值过高会导致植物根部形成反渗透压，植物根系水分流失导致死亡。研究区内 EC 的平均值在 $800\mu s$ 左右，未超过 WHO 推荐值。潜水层 Eh 平均值小于 0，偏还原环境。承压层 Eh 平均值大于 0，偏氧化环境。

（2）TDS。水中的 TDS 值取决于地下水在含水层的停留时间，以及当地的地质条件，气候和废物排放等因素[181]。TDS 与 Na^+、Cl^-、SO_4^{2-} 呈现强正相关，这是由于研究区属于干旱地区，具有强烈的蒸发浓缩作用，溶解度较小的盐类会大量析出。像氯化钠和硫酸盐等溶解度大的盐类会被重新带回地下水中，导致其与 TDS 的相关性提升。研究区潜水层 TDS 平均值为 1017.57mg/L，承压层 TDS 平均值为 1311.94mg/L，整体超出了 WHO 推荐值。结合前人研究成果以及研究区干旱气候，判断该情况是由于岩石溶滤与蒸发浓缩作用造成的。

（3）pH 值。研究区潜水层 pH 值范围为 7.04～8.90，承压层 pH 值范围为 7.23～8.11，表明研究区水质整体呈现弱碱性。pH 值与大部分指标都呈现负相关，与 K^+、Ca^{2+}、Mg^{2+}、TH 的相关系数均大于 0.5，呈现较强的相关性。这是因为 pH 值增大，导致 Ca^{2+}、Mg^{2+} 被吸附沉淀，而 TH 值与 Ca^{2+}、Mg^{2+} 属于强正相关，故均与 pH 值呈现较强负相关。pH 值与 As 和 F^- 呈现明显的正相关，且与 As 的相关系数大于 0.5，呈现较强相关性。这是因为地下水的 pH

值越高，矿物对 As、F$^-$ 的吸附性能降低，从而引起 As、F$^-$ 的解吸，导致地下水砷含量升高。

（4）Na$^+$。Na$^+$ 是地下水中最常见的阳离子，存在于矿石以及土壤中。一般情况下，Na$^+$ 的富集是由于硅酸盐矿物或土壤盐类因蒸发而溶解。研究区潜水层 Na$^+$ 平均值为 192.97mg/L，承压层 Na$^+$ 平均值为 281.33mg/L，且承压层出现超标。这与蒸发浓缩作用的规律相同，表明研究区 Na$^+$ 富集的主要原因是蒸发浓缩。

（5）K$^+$。与 Na$^+$ 类似，K$^+$ 存在于许多矿物和大多数岩石中。许多这些岩石是相对可溶的，会释放钾，使其在地下水中的浓度随时间的增加而增加。研究区潜水层和承压层的 K$^+$ 平均值分别为 2.91mg/L 和 2.81mg/L，远低于 WHO 推荐值。

（6）Ca^{2+}、Mg^{2+}。地下水中的 Ca^{2+}、Mg^{2+} 主要来自于矿物的溶解，二者均为决定硬度的重要因素。研究区潜水层和承压层中 Ca^{2+} 的浓度分别为 88.74mg/L 和 87.88mg/L。Mg^{2+} 的浓度分别为 52.80mg/L 和 52.04mg/L，均未超标。在所有化学元素中，Ca^{2+}、Mg^{2+} 的相关系数最大，为 0.906，这表明两种离子均来自岩盐溶解。与 Ca^{2+} 不同的是，Mg^{2+} 与 HCO$_3^-$ 具有相关性，这表明有一部分的 Mg^{2+} 来自于碳酸盐溶解。

（7）TH。总硬度是指水中钙、镁的总浓度。其中包括碳酸盐硬度（即通过加热能以碳酸盐形式沉淀下来的钙、镁离子，故又称为暂时硬度）和非碳酸盐硬度（即加热后不能沉淀下来的那部分钙、镁离子，又称永久硬度）。研究区潜水层和承压层的总硬度分别为 438.94mg/L 和 433.66mg/L，数值偏高但未超标。过高的 TH 会引起心脏病和肾结石，值得注意的是，水加热之后，其中的暂时硬度会消失，导致水中的钙、镁离子浓度降低，饮用后易引起心肌病变和大骨节病[182]。

（8）COD。COD 指高锰酸钾氧化水中有机物和部分还原性无机物所消耗的氧量，能间接反映水中有机物和部分还原性无机物的总量，在水处理中主要作为有机物含量的指标，数值越大水中有机物含量越高。研究区 COD 平均值均未超标，但是在承压层中，COD 的最大值达到 9.47mg/L，这可能是由于污水排放导致。

（9）Cl$^-$、SO$_4^{2-}$。地下水中的 Cl$^-$、SO$_4^{2-}$ 一般来自于盐岩溶解。研究区的 Cl$^-$ 最大值严重超标，但平均浓度未超标，SO$_4^{2-}$ 最大值以及承压层平均浓度超标。这可能是人类活动导致。Cl$^-$、SO$_4^{2-}$ 与 Na$^+$、K$^+$、Ca^{2+}、Mg^{2+} 都具有一定的相关性，表明 Cl$^-$、SO$_4^{2-}$ 是研究区地下水中的主要阴离子。

（10）HCO$_3^-$。HCO$_3^-$ 的主要来源是二氧化碳和碳酸盐在水中反应生成可

溶解的 HCO_3^-。研究区潜水层和承压层 HCO_3^- 的平均浓度分别为 128.99mg/L 和 147.84mg/L，出现超标。结合前人研究，除了碳酸盐溶解，还有可能是因为微生物降解有机质的产物。

（11）As。As 元素广泛地分布在岩石矿物中，受生物化学条件的影响，会迁移进入地下水中，长期饮用高砷地下水会引发癌症。研究区 As 的浓度范围为 ND～0.88mg/L，属于高砷地下水。As 与 pH 值具有较强正相关关系，这是因为碱性环境对 As 的解析附具有促进作用。As 与 NO_3^- 具有较强负相关关系，前人研究表明，这是因为 NO_3^- 指示了氧化环境，在此环境下，砷的解析附过程缓慢[22]。

（12）F^-。F^- 作为人体必需的微量元素，本身没有致癌性，但摄入过量会患上氟斑牙、氟骨症[183]。研究区潜水层 F^- 出现轻微超标，承压层 F^- 严重超标。F^- 与 Na^+ 有较强正相关，这表明 F^- 来源于岩盐溶解。F^- 与 As 具有正相关，这是因为弱碱性水化学环境有利于 F^-、As 的富集。F^- 与 Cl^- 具有正相关，这是因为研究区重金属污染对这两个指标有相同影响，从而导致其出现正相关。

5.6 饮用水评价

5.6.1 单因子评价

参加单因子评价的指标包括 pH 值、Na^+、TDS、TH、COD、Cl^-、SO_4^{2-}、F^-、As、NO_3^-、NO_2^-、Mn、Fe，以三类水为标准计算超标率。评价指标各水质超标率见表 5.4。其中，部分样本的检测值未达到检出限，根据从优原则定为 Ⅰ 类水。潜水层中 As 超标率最大，COD、Fe 和 NO_2^- 均未超标，其余指标超标率排序为 Mn＞F^-＞SO_4^{2-}＞TH＞Na^+＞TDS＞pH＞Cl^-＞NO_3^-＞NH_4^+。承压层中 As 超标率最大，NO_2^- 未超标，其余指标超标率排序为：F^-＞SO_4^{2-}＞TDS＞TH＞Mn＞Na^+＞Cl^-＞pH＞NH_4^+＞COD＞NO_3^-＞Fe。所以 As 含量超标是研究区水质恶化的主要因素。

研究区水质评价结果见表 5.4，单因子评价结果分布如图 5.2 所示。单因子评价结果中，潜水层超标率达到 86%，Ⅴ 类水占比达到 50%。承压层超标率达到 79%，Ⅴ 类水占比达到 60%。总共 35 组 Ⅴ 类水样本中，大部分都位于车排子水库下游沿河两岸，有 11 组水样位于石桥乡和车排子镇，这是人类活动造成的结果。有 6 组水样位于二泉沟水库和奎屯水库之间，这可能是由于水库的运行调度造成的。

表 5.4　　　　　　　　　　　　单因子评价指标超标率

地下水类型	pH值	Na⁺	TDS	TH	COD	Cl⁻	SO₄²⁻	F⁻	As	NO₃⁻	NH₄⁺	NO₂⁻	Mn	Fe
潜水层	0.14	0.21	0.21	0.29	0.00	0.14	0.29	0.36	0.64	0.07	0.07	0.00	0.43	0.00
承压层	0.23	0.32	0.36	0.34	0.11	0.26	0.40	0.49	0.55	0.09	0.23	0.00	0.34	0.02

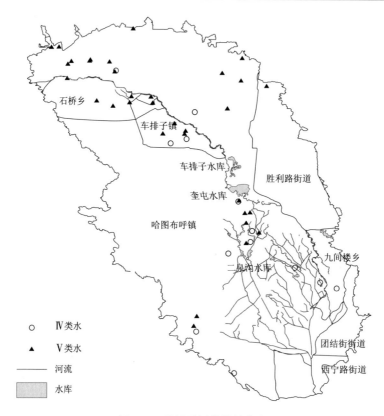

图 5.2　单因子评价结果分布

5.6.2　WQI 指数评价

选取检出率较高的指标参与质量综合评价。参加评价的指标包括 pH 值、Na^+、K^+、Ca^{2+}、Mg、TDS、TH、COD、Cl^-、SO_4^{2-}、F^-、HCO_3^-、NH_4^+，共 13 项指标。部分未检出参数采用检出限的一半代替计算。熵权计算结果见表 5.5。潜水层中 Mg^{2+} 对水质总体影响最大，pH 值对水质影响最小，其余指标排序为：$TDS > Cl^- > TH > SO_4^{2-} > Ca^{2+} > Na^+ > F^- > HCO_3^- > K^+ > COD > NH_4^+$。承压层中 SO_4^{2-} 对水质总体影响最大，pH 值对水质影响最小，其余指标排序为：$Cl^- > Mg^{2+} > TDS > Na^+ > NH_4^+ > TH > F^- > Ca^{2+} > K^+ > HCO_3^- > COD$。

表 5.5　　　　　　　　　　　　　WQI 指数评价指标权重

地下水类型	pH 值	Na^+	K^+	Ca^{2+}	Mg^{2+}	TDS	TH	COD	Cl^-	SO_4^{2-}	HCO_3^-	F^-	NH_4^+
潜水层	0.018	0.085	0.038	0.092	0.156	0.125	0.111	0.032	0.114	0.110	0.040	0.048	0.031
承压层	0.017	0.094	0.062	0.079	0.098	0.096	0.085	0.046	0.101	0.105	0.050	0.081	0.086

由于潜水层样本数较少，故选择承压层样本对 WQI 值进行空间插值。数据采用 $\log_{10}$ 对数转换，使其满足正态分布。选择普通克里金法进行插值，其中通过全局趋势分析，数据出现轻微的 U 形分布，故移除趋势时选择二次趋势。通过多个模型比对，确定孔洞效应为最佳拟合模型。预测误差中，标准平均值为 0.0066，标准均方根为 1.0037，均方根和平均相对误差分别为 0.3077 和 0.3066。误差符合精度要求。地下水质量评价结果见表 5.6。

表 5.6　　　　　　　　　　　　　地下水质量评价结果

编号	单因子评价等级	WQI	综合评价等级	编号	单因子评价等级	WQI	综合评价等级
1	4	27.77	优良	18	2	36.86	优良
2	4	51.40	较好	19	3	62.05	较好
3	2	95.77	较好	20	4	27.18	优良
4	3	32.18	优良	21	2	56.37	较好
5	4	91.30	较好	22	5	265.08	较差
6	3	89.65	较好	23	5	63.44	较好
7	4	63.82	较好	24	4	57.36	较好
8	4	27.45	优良	25	2	65.58	较好
9	5	28.15	优良	26	3	253.32	较差
10	5	28.07	优良	27	3	41.95	优良
11	5	23.53	优良	28	1	55.21	较好
12	4	28.46	优良	29	3	140.09	中等
13	5	34.99	优良	30	4	34.85	优良
14	5	29.53	优良	31	5	49.17	优良
15	5	101.01	中等	32	5	33.04	优良
16	5	104.81	中等	33	5	117.33	中等
17	2	159.47	中等	34	5	39.93	优良

续表

编号	单因子评价等级	WQI	综合评价等级	编号	单因子评价等级	WQI	综合评价等级
35	4	68.90	较好	49	5	34.13	优良
36	5	248.41	较差	50	5	117.62	中等
37	4	239.53	较差	51	5	40.59	优良
38	4	178.80	中等	52	5	69.22	较好
39	5	152.67	中等	53	5	247.52	较差
40	5	71.68	较好	54	5	238.32	较差
41	5	118.15	中等	55	5	178.09	中等
42	4	138.55	中等	56	5	152.62	中等
43	5	113.29	中等	57	5	70.96	较好
44	5	60.05	较好	58	5	117.51	中等
45	5	55.42	较好	59	5	138.19	中等
46	5	140.24	中等	60	5	113.07	中等
47	5	35.94	优良	61	4	59.65	较好
48	5	49.60	优良				

　　WQI 指数评价结果中，优良占比 33%，较好占比 29%，中等占比 28%，较差占比 10%。WQI 指数法评价结果分布如图 5.3 所示。水质沿着奎屯河流向变化，从上游（东南）向下游（西北）逐渐恶化，车排子水库为水质变化的重要节点。水质在水库下游出现了明显的差异，下游右岸水质明显高于左岸水质，中等和较差水质均位于左岸，其中 6 个样本为较差水质，位于石桥乡和车排子镇。较好水质样本有 18 个，分布在水库上游两侧以及水库下游右岸。优良水质有 20 组，主要分布于哈图布呼镇的东南方，部分位于胜利路街道。

　　土地利用类型如图 5.4 所示。研究区土地类型以耕地为主，大面积耕地伴随大量的农药灌溉，导致了氮素的超标。水库下游两岸均为耕地，证明左岸水质的恶化是由人类活动引起的。不透水面与河道重合，表明研究区内的大部分河道采用水泥进行了衬砌，河道衬砌虽然节约了水资源，但同时也污染了水质。河道衬砌后，地下水缺少补给，两岸植被稀疏导致无法净化水体，这些都间接导致了沿岸水质的恶化。

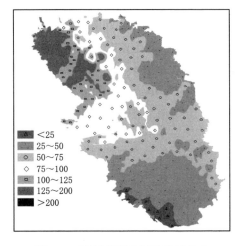
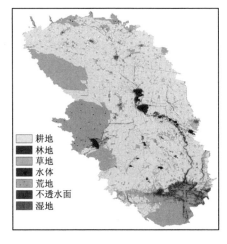

图 5.3　WQI 指数法评价结果分布　　　　图 5.4　土地利用类型

图例（图5.3）：
<25
25～50
50～75
75～100
100～125
125～200
>200

图例（图5.4）：
耕地
林地
草地
水体
荒地
不透水面
湿地

5.7　灌溉水评价

灌溉指数见表 5.7。钠吸附比可以用来指示灌溉水对土壤和植物产生钠危害（或称碱危害）的程度。美国盐土实验室提出的标准是：SAR<10 为低钠水，可用于灌溉；10<SAR<18 为中钠水可灌溉含石膏和透水性好的土壤；18<SAR<26 为高钠水，用以灌溉后有明显的钠害；SAR>26 为极高钠水，不能用于灌溉。研究区 SAR 的范围为 1.6～21.19，均值为 7.24，总体符合灌溉要求，有三个样本不符合灌溉要求。

表 5.7　　　　　　　　　　　　灌　溉　指　数

灌溉指数	最小值	最大值	均值
SAR	1.63	21.19	7.24
PI/%	5.02	84.96	35.91
MH	18.61	75.00	40.80

灌溉水质分类如图 5.5 所示。其中 C 代表盐度危害，S 代表碱度危害，数字越大表示危害越严重。研究区 68.85% 的样本点位于 C1S1～C3S1，未出现碱度危害达到 4 的地区。这表明大部分地区属于低钠危害，小部分地区会遭受交换性钠的危害。有 5 个样本点位于 C4S1，存在高盐危害，不适合灌溉。

由于水中存在 Na^+、Ca^{2+}、Mg^{2+}、HCO_3^- 等离子，长期灌溉会影响土壤的渗透性渗透率指数（PI）值可以表示土壤渗透性的高低，有效地确定地下水

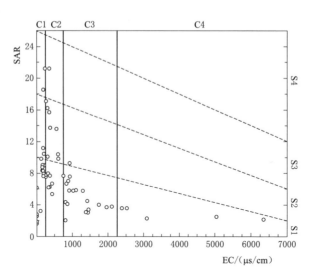

图 5.5　灌溉水质分类

用于灌溉的适宜性。因为土壤渗透性低会导致作物水分供应不足，并通过苗床结皮、表土涝渍和伴随的疾病、盐分、杂草、氧气和营养问题影响种植过程。其标准是：PI>75% 为一类水，25%<PI<75% 为二类水，PI<25% 为三类水。研究区 PI 均值为 35.91%，仅有 1 个样本达到一类水标准，有 35 个样本达到二类水标准。

当 MH 值大于 50 时，表明土壤中镁含量过高。适量的镁可以作为养分促进作物生长，但是水中镁含量过高会使土壤呈碱性，对作物产量产生不利影响。研究区内 MH 均值为 40.80，有 17 组样本的 MH 值超过 50，不适合灌溉。

在干旱半干旱地区，地下水是人们日常生活以及生产活动的重要水源支撑。也正因为如此，地下水水质受农业用途、工业废水以及人类活动的影响很大，导致其不满足饮用和灌溉的要求。本书中，采用斯皮尔曼相关性对各个指标进行分析，在所有离子中，出现高度相关的有 Cl^- 和 Na^+（$P=0.904$）、SO_4^{2-}（$P=0.911$），Ca^{2+} 和 Mg^{2+}（$P=0.906$），这是因为研究区 SO_4^{2-}、Cl^- 主要来源于蒸发岩溶解，Mg^{2+} 和 Ca^{2+} 部分来源于蒸发岩溶解，部分来源于硅酸盐和碳酸盐溶解[34]，Na^+ 广泛存在于各类岩石中，与大部分离子都具有较高相关性。

研究区饮用水质分别采用单因子评价法和 WQI 指数评价法进行评价。单因子评价结果比 WQI 指数评价结果差很多，一方面是因为 WQI 指数评价比单因子评价法更客观；另一方面则是因为单因子评价中加入了检出率较低的 As、F^-。本书所采用的样本中，虽然 As、F^- 检出率较低，但其超标率极高。这表明研究区内的 As、F^- 受到了强烈的人类活动干扰。研究区的砷主要来源于周边山区及岩石，且主要分布在石桥乡以及车排子镇附近[183]。这是由于水文环境越往下游越封闭，下游的农业活动相对比较频繁，导致了下游 As 的浓度出现超标[184]。同时也导致了水质评价结果中，最差水质在下游聚集。

WQI 指数评价法在未使用 As、F^- 指标的情况下，最差水质依旧聚集在石桥乡以及车排字镇附近，其中起主导作用的是 Mg^{2+} 和 SO_4^{2-}。研究区有强烈的蒸发浓缩作用，Mg^{2+} 和 SO_4^{2-} 均来自于蒸发岩溶解。由于研究区地势由南向北降低，导致大部分离子在研究区北部汇集。此外，研究区灌溉所产生的淋滤作用也加剧了 Mg^{2+} 和 SO_4^{2-} 的溶解。

研究区灌溉水质采用 SAR 指数、水质分类图（USSL）、PI 指数、MH 指数进行评价。与前人研究类似，研究区内只有少部分地区遭受高盐的危害[23]。但是 PI 指数的评价结果最差，其原因主要是由于 Ca^{2+}、Mg^{2+} 离子含量过高，导致整体 PI 指数的下降。这表明长期使用此类地下水进行灌溉，会导致土壤渗透性变低，从而引起一系列问题。因此，在使用地下水进行灌溉前，应当考虑采取措施对地下水实施软化。

第6章 高砷地下水空间分布及水文地球影响因素

高砷地下水的分布与其所处的水文地质环境有关。造山带与河流、湖泊、海等沉积环境相结合，可以为区域地下水中砷的富集提供有利的地质条件，是影响地下水中砷分布的重要因素[185]。本章以取样点的位置及水化学参数为基础，通过 MapGIS 软件对采样点进行平面投影，从而得出研究区地下水中砷的平面分布图，结合区域水文、地质、高程等水文地质条件，探究流域内高砷地下水的空间（水平和垂直）分布特征。此外，本章还通过 SPSS 软件对影响高砷地下水富集的水化学特征进行相关性分析（Pearson 相关系数），并绘制离子浓度关系图，探究影响高砷地下水富集的主要因素。

6.1 高砷地下水的空间分布特征

6.1.1 水平分布特征

图 6.1 为 2017 年奎屯河流域采样点高砷地下水含量空间分布。图 6.1 所示研究区潜水中砷的含量较低，检测样品中砷的质量浓度均小于 $10\mu g/L$，未发现有高砷地下水的存在。研究区浅层承压水中砷的含量为 ND～$150.7\mu g/L$，72% 的样品中检测出有高砷地下水（As>$10\mu g/L$）的存在。浅层承压高砷水主要分布在平原区中北部的头台乡和车排子镇一带，还有小部分位于九间楼乡附近。地下水中砷的质量浓度最高值点在头台乡三泉居民点，位于平原区的西北部；而在平原区的南部山前砾质平原及冲积平原上部采集的样品中几乎未检测出有高砷地下水的存在，仅有一眼井中砷含量超标，其含量为 $21.3\mu g/L$，其余样品中 As 的含量均小于 $10\mu g/L$。平原北部的 8 组地下水样品中有 6 组样品的砷含量高于 $10\mu g/L$，超标率较高。此外，该区域的地下水大部分用于农业种植，还有一小部分用于饮用，这在一定程度上增加了砷中毒的风险。

研究区深层承压水中砷的含量为 ND～$444.4\mu g/L$，67% 的样品检测出有高砷地下水的存在。与浅层地下水的分布规律相似，在南部山区砾质平原及冲积平原上部，深层承压水中未发现有砷超标的样品存在，而在冲积平原中下部及冲湖积平原地下水中砷的含量全部超标。深层承压水中砷含量大于 $10\mu g/L$ 样品

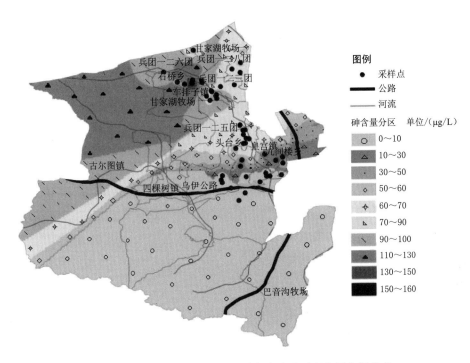

图 6.1　2017 年奎屯河流域采样点高砷地下水含量空间分布

位于九间楼乡以北冲积平原，分布面积较广在头台乡、车排子镇、兵团一二三团、兵团一二八团等地区均有分布；承压水中 As 含量大于 $50\mu g/L$ 的样品主要分布在头台乡榆树村、车排子镇沙枣村、兵团一二三团十七连以及石桥乡等，大部分都位于冲积平原下部及冲湖积平原。整体来看，研究区高砷地下水分布主要受研究区水文地质条件的影响，地下水中砷的含量由南向北呈逐渐上升的趋势。

6.1.2　垂向分布特征

由图 6.2 所示，研究区地下水中砷含量与海拔呈负相关性。随着海拔高度的降低，地下水中砷的浓度呈上升趋势。如图 6.2 所示，当海拔大于 400m 时，地下水中砷的平均含量较低；而当海拔在 400m 以下时，地下水中砷的含量变化较大，砷的含量范围为 ND～444.4$\mu g/L$。当研究区海拔为 250～350m 时，地下水中砷的整体含量较高。研究区地势南高北低，地下水中砷浓度也与其呈现的规律一致，表明了水文地质条件对高砷地下水的分布起到了重要作用。

研究区地下水采样井深在 15～500m，主要为大于 100m 的深井，井深与地下水中砷的含量关系如图 6.3 所示。研究区高砷地下水主要分布大于 100m 的深层承压水中。在这个范围内，高砷地下水的含量随着井深的增加呈上升趋势。

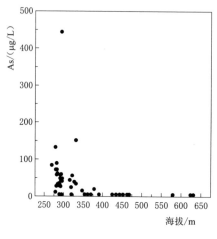

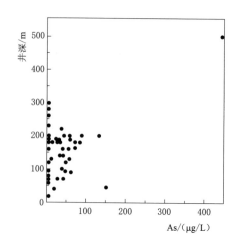

图 6.2　研究区地下水中砷含量与海拔的关系　　图 6.3　井深与地下水中砷的含量关系

此外，研究区不同含水层之间砷的浓度关系为：潜水＜浅层承压水＜深层承压水（表 3.2）。表明研究区地下水中砷的富集与埋藏深度有关。地下水埋藏越深，

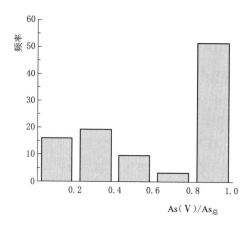

图 6.4　研究区地下水 $As(V)/As_总$ 频率分布

与外界的交流作用越小，随着有机质和氧气的进一步消耗，地下水所处的环境逐渐变成厌氧环境，为地下水中砷的富集创造了有利条件，因此一般情况下深层地下水中砷的含量较高。

在分析的样品中，无机 $As(III)$ 占总溶解性砷的 22.7%，55% 的 $As(V)$ 与总砷之比大于 60%（图 6.4），$As(V)$ 是地下水中 As 的主要存在形式，是由于高 pH 值下铁氧化物对 $As(V)$ 的吸附亲和力明显小于 $As(III)$，表明该研究区地下水中砷毒性相对较轻。

6.2　高砷地下水的富集因素

6.2.1　水化学环境

1. pH 值

研究区高砷地下水主要集中在 pH 值为 8~9 的地方，如图 6.5（a）所示，处于碱性环境下。研究表明[186-187]，pH 值是影响地下水中砷富集的一个重要因素。在弱碱性/碱性环境下，地下水中砷的存在形式以砷酸盐或亚砷酸盐为主，

这两者皆为阴离子，表面带负电，因此容易被携带正电的铁、锰氧化物或氢氧化物吸附。随着地下水中 pH 值的升高，胶体及黏土矿物会携带更多的负电荷，从而干扰对砷酸盐或亚砷酸盐的吸附，因此地下水中砷的含量也随之升高。郭华明、张丽萍、严克涛等[188-190]研究表明，中性环境下含铁、锰氧化物或氢氧化物的矿物对 As^{5+} 吸附性较强，随着 pH 值的升高，矿物对 As^{5+} 的吸附能力逐渐降低，地下水中 As(V) 的含量也随之升高，而 As^{3+} 的情况与之相反。地下水中含有铁、锰氧化物或氢氧化物的矿物对 As^{3+} 的吸附性一直保持相对稳定的状态，这种情况直到 pH 值等于 9 时会出现变化，此时的水化学环境有利 As^{3+} 的释放，而研究区地下水的 pH 值主要位于 7.4～9.5，因此该地区高砷地下水中 As(V) 的含量相对较高。

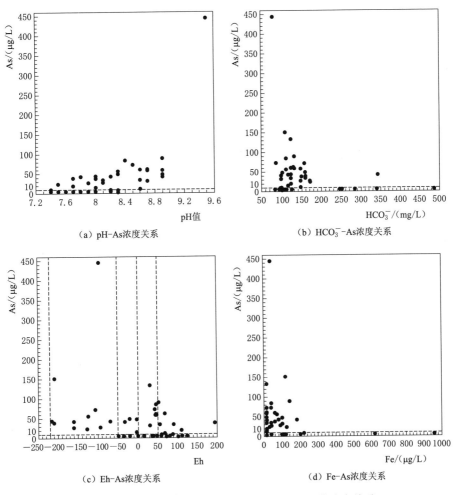

（a）pH-As浓度关系　　　　　　　（b）HCO$_3^-$-As浓度关系

（c）Eh-As浓度关系　　　　　　　（d）Fe-As浓度关系

图 6.5（一）　研究区地下水及沉积物化学组分浓度关系

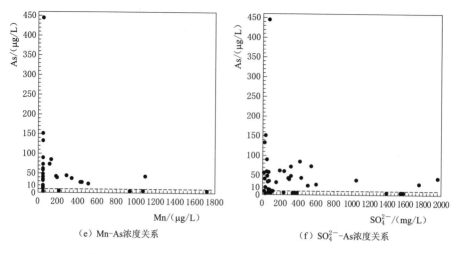

（e）Mn-As浓度关系   （f）SO_4^{2-}-As浓度关系

图 6.5（二） 研究区地下水及沉积物化学组分浓度关系

相关性分析（表 6.1）结果表示，地下水中 $\rho(As)$ 与 pH 值有着显著的相关性，即地下水中砷的浓度随着 pH 值的升高而增加。研究区地下水中砷离子的存在形式主要以 As（Ⅴ）为主（表 6.2），当 pH 值大于 7 时，地下水中 $\rho[As（Ⅴ）]$ 随着 pH 值增加而增加（图 6.6）。从图中可以看出在有利于 As（Ⅴ）释放的环境下依然有部分点的 $\rho[As（Ⅲ）]$ 高于 $\rho[As（Ⅴ）]$，这可能是因为地下水中砷离子的价态不仅受 pH 值的影响，还受到其他因素的影响，如还原环境。

表 6.1   奎屯河流域地下水及沉积物中化学组分相关性分析

指标	As	Fe	Eh	pH 值	HCO_3^-	SO_4^{2-}	Mn	F^-	PO_4^{3-}
As	1	−0.098	−0.294 *	0.613 **	−0.182	−0.117	−0.134	0.504 **	0.865 **
Fe		1	0.031	−0.308 *	0.513 **	0.382 **	0.549 **	−0.061	−0.114
Eh			1	0.014	−0.127	−0.238	−0.247	−0.016	−0.336 *
pH 值				1	−0.401 **	−0.348 *	−0.399 **	0.526 **	−0.677 **
HCO_3^-					1	0.619 **	0.902 **	−0.039	−0.160
SO_4^{2-}						1	0.724 **	−0.051	−0.180
Mn							1	−0.094	−0.167
F^-								1	0.474 **
PO_4^{3-}									1

注 * 在 0.05 级别；** 在 0.01 级别。

2. 氧化还原环境

研究区地下水 Eh 值为 −216～194mV，高砷水多在 0～50mV 和 −220～50mV，图 6.5（c）中的纵向虚线所示，其中强还原环境（−220～50mV）中砷浓度整体最高。研究表明[191-192]，氧化还原条环境也是控制地下水中砷富集的一个重要因素。氧化环境下地下水中砷的化合物如砷酸盐或亚砷酸盐会被胶体、铁锰氧化物或氢氧化物吸附导致地下水中的砷含量降低；但在还原环境下变得不稳定的胶体或铁锰的氢氧化物被还原，从而形成了更为活泼的离子组分溶入地下水中，同时吸附在它们上面的砷的化合物也随着进入地下水中[13]。

相关分析（表 6.1）结果显示，Eh与 As 的浓度呈显著的负相关性，随着还原环境越强地下水中砷的浓度越高。

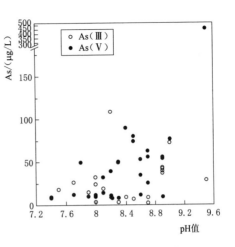

图 6.6　研究区地下水 pH 值与
As(Ⅲ)、As(Ⅴ) 关系

还原环境有利于砷的释放，通常在这类地下水中铁锰氧化物矿物会被还原成 Fe^{2+} 和 Mn^{2+}，被吸附在矿物表面的砷也被释放进入地下水中造成砷的富集。这时地下水中的铁锰含量一般较高，但本研究区地下水中 Fe 和 Mn 的含量较低（表 6.1），且铁和锰与砷含量的关系并不明显 [图 6.5 (d)、图 6.5 (e) 和表 6.1]，所测样品中近一半的样品中未检测出铁元素。研究区地下水中 Fe 和 SO_4^{2-} 有非常显著的相关性 [表 6.1、图 6.5 (f)]，且该地区地下水中 SO_4^{2-} 含量较高，这可为地下水中脱硫酸作用提供足够的 SO_4^{2-} 来源。还原环境下脱硫酸作用所产生的 S^{2-} 容易与地下水中溶解性 Fe 发生沉淀从而限制地下水中铁和锰的积累。因此，奎屯河流域地下水中砷浓度不仅受铁锰氧化物还原的影响，还受到了 SO_4^{2-} 还原和硫化物矿物沉淀的控制。

3. 其他水化学参数

天然水体中砷的化合物一般以阴离子形式存在，其他阴离子在含水介质对砷进行吸附时产生干扰，也会造成地下水中砷的异常[193]。由表 6.1 和图 6.5、图 6.7 可以看到，地下水中 As 与 HCO_3^-、SO_4^{2-} 关系不大，与 PO_4^{3-} 表现出较强的相关性。磷酸根与砷酸根具有相似的化学性质[194]，

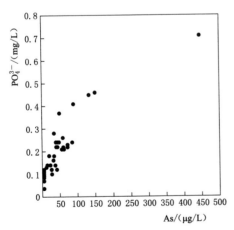

图 6.7　研究区地下水中 As
与 PO_4^{3-} 的含量关系

两者共存时会在铁锰氧化物的表面发生竞争吸附作用。研究区地下水中磷酸根含量较高，范围为 ND～710mg/L，平均值为 143.98μg/L，在 74%高砷样品点均检测到磷酸根的存在，因此磷酸根与砷的竞争吸附作用也是影响地下水中砷富集的一个重要因素。此外，地下水中 As 与 F$^-$ 也表现出显著的相关性，说明二者可能具有相似的来源。

6.2.2 气象与水文地质条件

1. 地下水中砷的来源

奎屯河流域地下水中砷主要有两个来源：一个是来自于当地的沉积环境，该沉积环境自古生代起奎屯河流域经受了多次构造运动，经过长期的地质作用该地区沉积层积累了丰富的碎屑、泥质、碳酸盐以及含煤石膏等物质，这些物质中含有大量的砷，在水化学环境的影响下会释放到地下水中；另一个来源是南北山区附近的构造山脉。研究表明[24]这些山脉中含有大量的金、铜、锰、黄铁矿等金属矿物，这些矿物中的砷含量普遍在 10%左右，最高可达 39%。此外，岩石中也有大量砷的存在，如泥岩和页岩中砷的含量一般在 10mg/kg 以上，花岗岩中砷的含量在 1.5mg/kg 左右。这些岩石矿物中的砷在风化的作用下会释放到地下水中，最终流向平原区。

2. 地形地貌

山区附近，由于地形坡度较大，地下水径流条件较好，水中的化学元素会随着径流迁移流失；而在平原地形坡度较小的区域，特别是一些洼地和盆地，由于地下水径流交替缓慢，地下水中的水化学组分在地形因素的影响下不断累积，因此在这种地形环境下地下水中砷的含量较高。研究区南部山前倾斜砾质平原，由于地形坡度较大，地下水径流条件较好，在此区域的地下水中砷含量较低（图 6.1）。而在冲积平原及冲湖积平原，其地势相对平缓，大部分地下水中砷的含量较高，其中砷含量大于 10μg/L 的地下水位于地势较为平缓的冲积平原中北部，而砷含量大于 50μg/L 的地下水主要位于地形低洼的冲湖积平原。由此可见，地形地貌条件是影响研究区地下水中砷富集的重要因素。此外，虽然九间楼乡属于径流条件缓慢的冲积平原，但其地下水中砷的含量在整个冲积平原区域处于低水平（表 4.3）。这是因为地下水中砷的富集还受补给条件的影响。研究区冲积平原上部属于补给径流区，中深部承压水主要接受砾质平原的侧向补给，水文交替作用较强，因此地下水中砷的含量较低。

3. 地质环境

奎屯河流域南山区山前一带为砾质平原，其第四纪松散冲洪积物巨厚，地层岩性以卵砾石、砂砾石为主，因此地下水交替作用强烈，不利于地下水化学成分的累积。地下水补给条件是影响高砷地下水形成的一个重要因素。研究区高砷地下水主要集中在头台乡以北至兵团一二三团一带，这一部分为细土平原区，沉积物主要以砂砾石、砂、黏性土为主，因此透水性较弱，水文地质环境相对封闭，有利于地下水中砷的富集。同时由于黏性土、黏砂土对砷的富集作用较强，从南山区风化的富砷岩石矿物在黏性土含量较高的区域积累，为地下水中砷的富集提供充足的物质来源。

4. 气候条件

研究区蒸发作用较强，但由前文分析可知，研究区高砷地下水主要位于承压含水层中，潜水中砷的含量较低，因此蒸发作用对地下水中砷富集的影响作用不大。研究区属于温带大陆性气候，昼夜温差大，山区降雨量较多，平原区降雨量少。南部山区中富砷岩石矿物由于昼夜、季节温差变化较大发生了风化作用，随着大气降雨进入地下水中，在地下水径流条件的作用下，在南部地势平坦低洼处堆积。这些堆积物中的砷在长期的水-岩作用下进一步释放使得该区域地下水中砷的含量升高。因此气象水文条件也是影响研究区地下水中砷富集的有利因素。

5. 地表水

研究区上游地表水中砷的含量较低，水化学类型为 $HCO_3 \cdot SO_4 - Ca$，TDS 为 $164.83mg/L$；pH 值较低，为 8.2，Eh 较高，为 $144mV$，属于弱碱性氧化环境。研究区地下水主要是由地表水转化而来，因此地表水与浅层地下水联系密切，地表水的水化学环境直接影响浅层地下水水化学环境。由图 6.1 可以看出，该区域所采集的潜水样品中砷的含量均未超标，这是因为地表水在与潜水的转化过程中降低了地下水中砷的含量，因此该区域潜水中砷的含量较低。

6.3　高砷地下水砷含量空间分布异常的影响因素

高砷地下水具有一个显著的特点，即空间分布极不均匀。研究区地下水砷含量调查发现，在同一个镇距离很近的井，砷的浓度分布范围由低于饮用水标准到 $200\mu g/L$。高砷地下水空间分布不均匀的情况在很多文献中也有报道[195-196]，这为在高砷地下水影响区寻找低砷的地下水水源带来了挑战。对高砷地下水中砷浓度的分布差异很大的原因，科学家们提出了各种观点来解释，Quicksall 等[197]的研究显示，高砷地下水分布的地区能与一些特定的地貌很好地吻合；汤洁等[198]证实，各高砷区多分布在沉积盆地中心或平原内相对低洼的地带，与地下水环境有关；McArthur 等[199]认为砷浓度分布与地下古土壤层的分布重要的相关关系，古土壤存在的地区地下水中砷的浓度明显低于古土壤缺失的区域，但是目前为止还没有一个统一的认识。本节通过 2017 年 49 组地下水样品分析研究区高砷地下水的空间分布特征，并圈定地下水砷含量异常点，2019 年对异常点再次取样并分析砷含量异常原因，探究奎屯河流域高砷地下水的空间分布特征及砷异常的影响因素，以期为研究区地下水砷富集机制的研究奠定重要的基础。

6.3.1　高砷地下水的空间分布特征及砷含量异常点

以 2017 年采取的 49 个地下水样品的测试结果来分析研究区高砷地下水的空间分布特征。研究区不同含水层砷含量及分布见表 6.2，潜水层与承压水层的砷含量等值线图如图 6.8 和图 6.9 所示。

表 6.2　　　　　　　　2017 年研究区不同含水层砷含量分布

地下水类型	检测位置	井深/m	样品数目/个	ΣAs 范围值/(μg/L)	ΣAs 均值/(μg/L)	As(Ⅲ)范围值/(μg/L)	As(Ⅴ)范围值/(μg/L)
地表水	山前冲洪积倾斜砾质平原	—	1	<10	<10	3.03	ND
潜水	山前冲洪积倾斜砾质平原	190	1	<10	<10	3.23	ND
		260	2	<10	<10	ND	ND
	冲洪积细土平原	<60	4	10～150.70	47.50	12.32～108.70	10.37～39.33
		60～80	4	10～42.60	21.30	10～15.25	8.03～9.44
		80～100	3	10～47.60	32.13	26.33～43.43	12.37～80.09
	冲湖积细土平原	80～100	3	10～887	318.2	ND	55.95～80.09
第四系承压水	冲洪积细土平原	120～160	7	10～55.70	24.06	ND～49.11	8.39～49.76
		160～200	8	10～59.70	26.00	ND～32.22	9.16～13.96
		200～240	2	10～37.30	23.65	ND～24.27	9.42～10.57
		>240	4	10～887.00	118.60	3.73～28.87	8.46～434.94
	冲湖积细土平原	120～160	4	11.60～57.60	37.90	ND～2.42	11.83～63.14
		160～200	8	27.30～132.60	70.89	ND～40.42	25.84～89.44

从表 6.2、图 6.8 和图 6.9 中可以看出，该区域地下水 As 浓度范围为 10～887μg/L，平均为 55.8μg/L，样品均值超过了《生活饮用水卫生标准》（GB 5749—2006）标准的（As 浓度<10μg/L）5 倍。水平上，潜水层高砷地下水主要分布在乌伊公路以北的石桥乡一带，承压水层高砷地下水主要分布在兵团一二八团和北部的车排子镇一带。地下水中 As 浓度随着海拔和地势的变化而变化，总体表现出 As 浓度从南向北逐渐升高，最低值位于山前冲洪积倾斜砾质平原，最高值出现在冲湖积细土平原，与地势呈负相关。垂向上，在大于 80m 含水层中，水砷含量较高，最高可达 887μg/L，地下水砷超标较为严重且在垂直方向上具有很强的空间变异性。奎屯流域潜水含水层中，As(Ⅲ)含量较高，范围值为 3.23～108.70μg/L。这是由于地质条件封闭，造成氧含量的减少，还原性增加，

水中的 As(Ⅴ) 部分转化为 As(Ⅲ)。而承压含水层中 As(Ⅴ) 含量较高，范围值为 9.16～434.94μg/L。由于 As(Ⅲ) 的毒性远远大于 As(Ⅴ)，表明砷中毒区主要分布在潜水含水层中。但是，潜水层中和承压水层中，As(Ⅲ)/As(Ⅴ) 分别为 92.20% 和 89.12%，说明该研究区整体砷的毒性比较大。

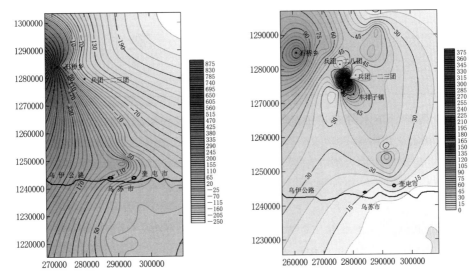

图 6.8　潜水层水砷含量（μg/L）等值线　　图 6.9　承压水层水砷含量（μg/L）等值线

依据测试结果可知 K3、K9、K10、K14、K15（图 3.1）这 5 个点与周围地下水样的砷含量差异较大，砷浓度由低于饮用水标准到 887μg/L。由表 6.3 可知，K3、K10、K15 三点的砷浓度明显高于周围地下水样的砷浓度，K15 的砷浓度是周围地下水样点砷浓度的 11 倍，K3、K10 两点的砷浓度也高出 4～5 倍；K9、K14 两点的砷浓度仅是周围地下水样砷浓度平均值的 1/11 和 1/8。2019 年第二次取样时，对这 5 个点进行重新采样测试。发现 K3、K9、K10、K14 砷含量两年变化不大，处于冲洪积平原下部的 K15 可砷浓度变化较大，可能是由于原井被废弃，在附近新井的取水层位不一致造成的。

表 6.3　　　　　　　　　　　砷异常点两次采样时 As 浓度变化

年份	编号	取样点位置	井深/m	pH 值	Eh/mV	As 浓度/ (μg/L)	周围地下水样点砷 浓度平均值/(μg/L)
2017	K3	九间楼乡	40	7.70	110	19.30	5.00
	K9	头台乡	69	7.70	−21	5.00	55.00
	K10	头台乡	45	8.20	−209	150.70	36.60
	K14	车排子镇	80	7.40	81	5.00	44.00
	K15	石桥乡	90	8.60	65	887.00	77.76

年份	编号	取样点位置	井深/m	pH 值	Eh/mV	As 浓度/(μg/L)	周围地下水样点砷浓度平均值/(μg/L)
2019	K3	九间楼乡	40	8.09	132	23.50	—
	K9	九间楼乡	97	7.09	12	1.80	—
	K10	头台乡	60	8.00	−100	132.20	—
	K14	车排子镇	80	7.73	41	22.30	—
	K15	石桥乡	110	8.12	165	100.00	—

6.3.2 高砷地下水分布特征的影响因素及砷含量异常的原因

1. 自然地理条件

奎屯河流域在进入第三纪后，中生代地层产生断裂和褶皱，随着沉降幅度不断增加，堆积了大量的泥质、碎屑、碳酸盐、含煤石膏等沉积物，为地下水中砷的来源提供了有利条件。乌苏市地下水开发与利用规划[16]中表明，乌苏市南北部山区矿产资源丰富，有煤、铁、铜和金等。煤层中含有大量的砷元素，洪里[227]研究表明，这些矿床中砷含量为 10%～39%，地表氧化带的砷含量为 2.4%～4.5%；而且周边山区分布的岩石中也含有丰富的砷元素，如泥岩、页岩和花岗岩等[18]，为砷含量的异常提供了物质来源。

进入第四纪后，地壳的垂直运动不断加剧，地表向盆地中心倾斜，从南到北，坡度慢慢变小。由于冰川融雪与大气降水的补给，山前含水层处于氧化环境，含水层中的砷难以释放；地下水径流从山前到独山子背斜（独山子一带）、柳沟隆起（九间楼乡一带）和六十户鼻隆（头台乡一带）时，受到阻隔，径流变缓，蒸发浓缩作用增强，导致冲洪积细土平原及冲湖积细土平原地下水砷含量升高。

由于砷含量异常的点与其周围的点所处自然地理条件相似，因此自然地理条件对砷含量异常的影响不做分析。

2. 水化学环境

地下水中的化学成分是地下水与外界环境长期相互作用的产物，对地下水中砷含量具有一定影响[200]，且砷的迁移转化过程主要受氧化还原反应控制[9]。从表 6.4 可以看出，地下水中 As 与 Eh 为负相关。研究区山前冲洪积倾斜砾质平原、冲洪积细土平原、冲湖积细土平原的平均 Eh 分别为 79mV、54.6mV 和 −60.06mV，其中砷含量最高点处于强还原性环境（−216～21mV）中，说明还原环境适宜砷在地下水中富集。

表 6.4   奎屯河流域地下水及沉积物中化学组分的相关性

指标	As	Eh	pH 值	Fe	Mn	HCO_3^-	SO_4^{2-}	井深
As	1	−0.64	0.41**	−0.08	−0.09	−0.15	−0.12	0.13
Eh		1	0.025	0.03	−0.04	−0.13	−0.24	0.09
pH 值			1	−0.31*	−0.10	−0.41**	−0.35*	0.27
Fe				1	0.13	0.51**	0.38**	−0.23
Mn					1	0.21	0.16	−0.15
HCO_3^-						1	0.62**	−0.32**
SO_4^{2-}							1	−0.19
井深								1

注   * 在 0.05 级别；** 在 0.01 级别。

由表 6.5 可知，地下水砷含量异常高样点 K10 的 Eh 为 −209mV，As 浓度为 150.7μg/L，周围点的平均 Eh 为 25mV，平均 As 浓度为 36.6μg/L，表明还原环境越强，砷含量越高。在还原环境下，As 通过离子架桥方式与腐殖酸相结合[201]，腐殖酸中的有机质分解时，地下水中离子浓度增加，络合作用增强，As(V) 被还原为 As(III)，As(III) 从铁氧化物表面解吸附进入地下水中[202]，导致地下水中 As 浓度升高。砷含量异常高样点 K3、K15 的 Eh 分别为 110mV 和 65mV，As 浓度分别为 19.3μg/L 和 887μg/L，周围点的平均 Eh 分别为 31.67mV 和 65.33mV，As 的平均浓度分别为 5μg/L 和 77.76μg/L。As 含量异常低样点 K9、K14 的 Eh 分别为 −21mV 和 81mV，As 浓度为 5μg/L 和 5μg/L，而周围点也处于弱还原环境中，表明在氧化环境与弱还原环境中，影响地下水砷浓度的因素不唯一。

表 6.5   砷异常点与周围地下水和沉积物样点化学组分对比

取样点	编号	井深/m	pH 值	Eh/mV	As 浓度/(μg/L)	Fe 含量/(mg/L)	Mn 含量/(mg/L)	SO_4^{2-} 含量/(mg/L)	HCO_3^- 含量/(mg/L)
砷异常点	K3	40	7.70	110	19.30	0.02	0.06	29.72	122.16
	K9	69	7.70	−21	5.00	0.12	1.72	1574.08	486.20
	K10	45	8.20	−209	150.7	0.12	0.10	28.50	108.72
	K14	80	7.40	81	5.00	0.96	0.94	1547.76	283.42
	K15	90	8.60	65	887.00	0.04	0.05	82.86	107.50
周围地下水样点指标的平均值	K5/K20/K21	122.67	7.50	31.67	5.00	0.25	0.44	172.10	229.66
	K33/K34/K36	190	7.93	−19.67	55.00	0.05	0.31	522.44	143.34
	K7/K36/K37	166.67	7.93	25	36.60	0.03	0.17	468.95	143.34
	K13/K47/K48	132.67	8.10	−91.33	44.00	0.31	0.40	931.82	203.60
	K11/K56/K61	151	8.50	54.33	77.76	0.06	0.07	258.63	114.83

pH 值也是影响地下水中砷浓度的一个重要因素[203]。该区地下水的 As 与 pH 值显著正相关（表 6.4），表明地下水中 pH 值越高，地下水砷含量越高。砷异常点 K3、K10、K15 的 pH 值均高于周围水样点，砷浓度也比周围样点要高；K9、K14 的砷浓度也随着 pH 值的降低而比于周围点低（表 6.5）。这是因为地下水的 pH 值越高，对以砷酸盐、亚砷酸盐形式存在的吸附性能降低[204]，从而引起 As 的解吸，导致地下水砷含量升高。

在地下水环境中，铁锰氧化物矿物被认为是地下水中砷的主要载体，对砷的吸附起主要作用[54]。该区域铁、锰含量的浓度较低，且铁、锰与砷的相关性不显著（表 6.4）。从表 6.4 中可以看出，高砷地下水中的铁、锰含量低于低砷水中的含量，说明该研究区地下水中砷浓度不仅只受铁锰氧化物矿物还原的影响。

在还原环境中，随着 pH 值增大，水铁矿具有明显的溶解性，能促进砷迁移。由表 6.5 可看出，K3、K10、K15 周围地下水样点的铁锰含量较高，而 K9、K14 周围水样点铁锰含量低。这是由于在碱性环境下，水铁矿被溶解，表面带正电荷的含砷矿物被带负电荷的胶体和黏土矿物所取代[205]，砷酸盐发生解吸附并释放出砷，使地下水中砷浓度发生变化。砷异常点 SO_4^{2-}、HCO_3^- 的含量分布与铁锰含量变化一样，但 SO_4^{2-}、HCO_3^- 的含量却比铁锰含量高出许多。这可能是由于高浓度 SO_4^{2-} 还原产生的 S^{2-} 限制了铁锰在地下水中的积累。pH 值与 SO_4^{2-}、HCO_3^- 显著负相关（表 6.4），碱性环境中 SO_4^{2-}、HCO_3^- 的升高能引起砷的竞争吸附作用，会促使砷产生解吸附。因此，地下水中砷空间分布异常与地下水的还原环境、碱性条件下砷的解吸附有很大关系。

3. 沉积物特征

从钻孔岩芯来看，岩芯主要是由细砂、砂质土、粉土、粉质黏土、黏土组成，颜色为棕黄色、黄色、浅灰色、灰色、黑色，在采集黏土样品的时候可以闻到一股臭味。由表 6.6 可以看出，黏土与粉质黏土中的砷浓度要比细砂中的高；采样深度、Fe、Mn 含量与 As 含量成正相关。说明沉积物中的砷含量和其岩性及深度有关郭华明等[49]在银川盆地的研究中也发现黏土中的砷浓度要比细砂中高。可能是黏土沉积物中含更多的有机质组分。随着深度增加，在沉积物粒径较小的含水层中，地下水流动性变差，与地表的联系不充分，使 O_2 含量减少，造成还原环境。在还原环境中，Fe/Mn 氢氧化物有机质更容易积累，对砷的吸附能力更强，因此，地下水砷含量随着采样深度的增加而增加。

表 6.6 不同深度沉积物中的砷含量

编　号	深度/m	岩性描述	As 含量/(mg/kg)	Fe 含量/(mg/kg)	Mn 含量/(mg/kg)
C1－1	0	暗黄色土	15.18	31914.16	720.58
C1－2	3	黄色细砂	9.48	29738.47	673.96
C1－4	9	暗黄色粉砂	10.72	29005.03	666.25
C1－12	33	浅灰色粉黏土	12.16	29496.29	755.96
C1－21	58	灰色粉土	21.62	37130.38	727.15
C1－27	81	黑色黏土	25.79	40534.21	955.04

由表 6.5 可知，K3、K10 和 K15 井深分别为 40m、45m 和 90m，周围地下水样点平均井深为 122.67m、166.67m 和 151m，且 3 个点分别位于冲洪积平原上部、冲洪积平原中部、冲湖积细土平原。由乌苏市地下水利用规划[146] 可知，K3 所在区域以农业种植为主，盛产棉花与蔬菜，使用以单甲基砷酸钠（MSMA）为主要成分的农药和除草剂，以畜禽的粪便充当有机肥施用在土壤中[206]。畜禽饲料为洛克沙砷和阿散酸，但是动物对有机砷吸收率低，大多数以粪便形式排出，累积在土壤中。研究表明菜地砷积累的主要来源可能是鸡粪和猪粪[30]；且表面（0m 深度）的沉积物砷含量超标（表 6.6）。在冲洪积平原上部，岩性颗粒较粗，渗透系数大，井深较浅的地方，使用的含砷农药与化肥通过下渗污染地下水，所以人为活动是导致 K3 砷浓度异常高的原因。K10 中还原环境最强，含水层沉积物中铁氧化物的活性逐渐升高，最终促使砷的释放。K15 在冲积湖积细土平原，蒸发作用强，与地表水联系隔绝，HCO_3^- 含量较大，剖面所在沉积物岩性为黑色黏土，表明有机质含量多，所以微生物活动参与影响砷释放的竞争吸附过程，导致了 K15 砷含量的升高。K9、K14 井深为 69m、80m，周围地下水样点平均井深为 190m、132.67m。K9 位于冲洪积平原中部，井深越深，越能在一定程度上隔绝地表水的垂直补给，为还原环境的产生提供有利条件，促进沉积物中 As 向地下水的释放，导致周围地下水 As 含量升高；K14 位于冲洪积平原下部，周围地下水样井深较大，由于在距离山区较远的冲洪积平原下部，岩性较细，地下水径流受到阻碍，地下水平均滞留时间较长，水岩相互作用时间长，造成还原环境增强。大量的铁氧化物被还原为 Fe^{2+}，与此处的硫化物生产黄铁矿沉淀，吸附被释放到地下水中的 As，使此处地下水中 As 浓度低于周围水样。因此局部的沉积环境、沉积物中有机质含量、地层的渗透性、沉积物岩性及地下水流冲刷速率共同决定地下水砷含量的异常分布情况。

6.4 高砷地下水水文地球化学模拟

6.4.1 模拟方法

PHREEQC 是应用较为广泛的水文地球化学模拟软件,其主要以质量守恒理论为基础,通过输入指令,选择相应的方程来描述相应的化学反应过程,可以用来分析水文地球化学的演化过程。利用 PHREEQC 软件进行模拟时,初始溶液和最终溶液以及反应过程中矿物相和气相必须预先选定,通过给定矿物相的数量和不确定度的大小,可以模拟反应路径上各种矿物之间的质量传输和交换[207]。本次模拟选择的数据库为 wateq4.dat,选取地下水中的主要离子成分以及对本区地下水中砷富集有显著关系的 Fe/Mn 离子作为模拟初始数据。

6.4.2 模拟路径的选择

奎屯河流域第四系松散岩层的孔隙中,蕴含着较为丰富的地下水资源。受第四系岩性结构的控制,从南部山前倾斜砾土平原至细土平原尾部,地势逐渐变缓,岩性颗粒由粗变细,从而导致南部山前冲洪积平原至下游冲湖积平原含水层逐步由单一潜水向上部潜水、下部多层承压自流水变化。水文地球化学反向模拟路径选取的要求是起点和终点要位于相同路径上的上游和下游[208],本书沿着地下水径流的方向选取 4 组剖面的水样进行模拟,模拟路径如图 6.10 所示,

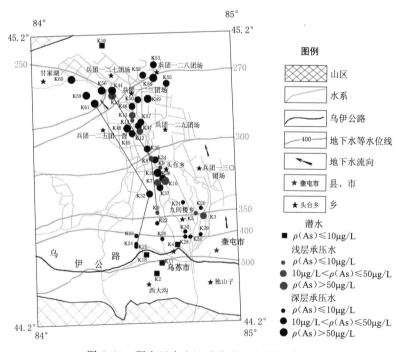

图 6.10 研究区水文地球化学反向模拟路径

模拟路径上起始和终点的水质参数见表6.7。

表6.7 不同模拟路径水质测试分析结果 单位：mg/L

指 标	路 径 1			路 径 2		
	K6	K8	K11	K25	K32	K61
As	ND	0.0426	0.0616	ND	0.0146	0.0890
Na^+	24.78	181.69	150.54	78.99	41.9	65.22
Ca^{2+}	37.86	36.25	20.14	98.67	27.39	8.05
Fe	0.2	0.08	ND	ND	ND	0.14
Mg^{2+}	11.24	27.11	4.89	21.01	9.77	1.71
HCO_3^-	124.61	116.05	128.27	97.73	116.05	130.71
Cl^-	28.45	161.43	78.22	147.91	55.47	32.00
SO_4^{2-}	89.61	284.84	192.18	234.19	60.61	43.94
F^-	0.72	0.62	1.28	0.52	0.66	1.93
Mn	ND	0.186	ND	ND	0.050	ND

注 MD 为未检出。

6.4.3 可能矿物相的确定

反应路径上"可能矿物相"的选取是确定地下水径流过程中可能发生沉淀-溶解过程的关键。可能矿物相选取的主要依据包含三类：一是含水层中矿物组成成分；二是地下水中的化学组分；三是地下水的赋存条件，其中含水层中的主要矿物成分是需要考虑的首要条件。研究区含水层中可能矿物相见表6.8。

表6.8 研究区含水层中可能矿物相

序 号	可 能 矿 物 相	化 学 式
1	方解石（Calcite）	$CaCO_3$
2	白云石（Dolomite）	$CaMg(CO_3)_2$
3	萤石（Fluorite）	CaF_2
4	石膏石（Gypsum）	$CaSO_4 : 2H_2O$
5	盐岩（Halite）	$NaCl$
6	二氧化碳（CO_2）	CO_2
7	砷酸（As_2O_5）	As_2O_5
8	硫化亚铁（FeS）	FeS
10	阳离子交换剂（CaX_2）NaX	CaX_2、NaX
11	亚砷酸（Arsenolite）	As_4O_6
12	软锰矿（pyrolusite）	MnO_2

6.4.4 水文地球化学模拟结果

运用 PHREEQC 水文地球化学模拟软件,在确定研究区含水层介质矿物相的基础上,对同一路径不同含水层中的水化学组分进行反向地球化学模拟,结果见表 6.9。从反向模拟的结果可以看到,路径 1 中铁的氧化矿物与地下水中的质量交换值别为 3.85×10^{-5} mmol/L 与 4.65×10^{-4} mmol/L,相对应的砷的化合物与地下水的质量交换值分别为 8.97×10^{-5} mmol/L 与 1.05×10^{-3} mmol/L（As_4O_6）、-1.79×10^{-4} mmol/L 与 -2.09×10^{-3} mmol/L（As_2O_5）,同样路径 2 模拟结果与其一致,这表明随着铁氧化矿物的溶解,地下水中 As（Ⅲ）的溶解而 As（Ⅴ）析出,进一步反应还原环境下铁的氧化物的还原性溶解是影响地下水中砷含量增加的重要因素。此外,从水样点的质量交换值还可以看出,两条路径上二氧化碳与地下水的交换值分别为 1.30×10^{-4} mmol/L 和 9.66×10^{-4} mmol/L,1.19×10^{-2} mmol/L 和 1.67×10^{-4} mmol/L,均为正值;表明在地下水径流的过程中浅层承压水和深层承压水中均有二氧化碳进入。CO_2 与 H_2O 反应会使得地下水中 pH 值降低,HCO_3^- 的含量增高。CO_2 与 H_2O 结合改变的地下水中的碱度,不利于砷的释放。由模拟的结果还可以看出,硫化亚铁在两条路径上的交换值分别为 -7.92×10^{-5} mg/kg 和 -9.31×10^{-4} mg/kg、-1.20×10^{-2} mg/kg 和 -2.13×10^{-4} mg/kg,均为负值;进一步验证了反应过程中发生了脱硫酸作用,降低了地下水中 Fe 的含量。

表 6.9 反向水文地球化学模拟结果

可能矿物相	化学式	路径 1（浅层承压水）		路径 2（深层承压水）	
		K6～K8	K8～K11	K25～K32	K32～K61
方解石/(mmol/L)	$CaCO_3$	-1.15×10^{-3}	1.02×10^{-3}	-1.09×10^{-2}	5.43×10^{-4}
阳离子交换/(mmol/L)	CaX_2	-1.82×10^{-3}	-5.29×10^{-4}	-5.61×10^{-4}	-8.65×10^{-4}
二氧化碳/(mmol/L)	CO_2	1.30×10^{-4}	9.66×10^{-4}	1.19×10^{-2}	1.67×10^{-4}
白云石/(mmol/L)	$CaMg(CO_3)_2$	5.84×10^{-4}	-9.15×10^{-4}	-4.96×10^{-4}	-3.32×10^{-4}
砷酸/(mmol/L)	As_2O_5	-1.79×10^{-4}	-2.09×10^{-3}	-2.69×10^{-2}	-4.79×10^{-4}
萤石/(mmol/L)	CaF_2	-2.62×10^{-6}	1.74×10^{-5}	3.69×10^{-6}	3.34×10^{-5}
亚砷酸/(mmol/L)	As_4O_6	8.97×10^{-5}	1.05×10^{-3}	1.34×10^{-3}	2.40×10^{-4}
石膏/(mmol/L)	$CaSO_4 : 2H_2O$	2.21×10^{-3}	—	1.02×10^{-2}	6.54×10^{-5}
阳离子交换/(mmol/L)	NaX	3.64×10^{-3}	5.80×10^{-5}	1.12×10^{-3}	1.73×10^{-3}
硫化亚铁/(mg/kg)	FeS	-7.92×10^{-5}	-9.31×10^{-4}	-1.20×10^{-2}	-2.13×10^{-4}
盐岩/(mmol/L)	$NaCl$	3.82×10^{-3}	-2.16×10^{-3}	-2.63×10^{-3}	-5.63×10^{-4}
赤铁矿/(mmol/L)	Fe_2O_3	3.85×10^{-5}	4.65×10^{-4}	5.98×10^{-4}	1.08×10^{-4}
软锰矿/(mmol/L)	MnO_2	2.48×10^{-6}	-2.48×10^{-6}	—	—

注 矿物含量正值代表进入地下水中,负值代表从地下水中析出。

由以上分析可看出，研究区高砷地下水主要分布在乌伊公路以北埋深大于80m的深层含水层中，在水平方向，砷浓度从南向北逐渐升高，与地势呈负相关。地下水中砷以 As(Ⅴ) 为主，且潜水层中砷的毒性相对更高。奎屯河流域的古地理环境与周边山区含砷矿物质、岩石为地下水中的砷提供了物质来源，干旱的气候条件与从山前冲洪积倾斜砾质平原、冲洪积细土平原到冲湖积细土平原越来越封闭的水文地质条件，使地下水中砷浓度越往下游越高。随着深度增加，地下水流动性变差、还原环境和有机质含量的增加导致地下水砷含量随着采样深度的增加而增加。研究区地下水中砷含量异常高的原因是人为活动影响、地下水所处的还原性环境、碱性条件下砷的解吸附作用。在冲洪积平原上部农业活动区，含砷农药与化肥的使用会增加地下水中砷的含量；随着沉积物深度增加，粒径逐渐变小，颜色由亮变暗，还原环境逐渐增强，促使沉积物中含 As 铁锰矿化物发生溶解；地下水中 pH 值越高，吸附在沉积物颗粒表面的 As 很容易脱离结合位点，游离到地下水中，引起地下水中砷浓度升高。在弱还原环境与氧化环境中，沉积物中的砷难以释放，地下水径流快，地下水中砷不易聚集，且地下水中的 Fe^{2+} 与大量的硫化物产生黄铁矿沉淀，吸附释放到地下水中的砷，导致了地下水中砷含量异常低。研究区中部和北部沉积层中均存在一定含量的砷，沉积物中砷的含量为 $8.36 \sim 21.01mg/kg$。此外，相关性分析的结果显示沉积物中 As、Fe、Mn 之间有显著的相关性，铁/锰等氧化矿物可能是沉积物中砷的主要载体。同时，沉积物中砷的含量与相应地下水中砷的含量相关性分析的结果也表明，沉积物中吸附态砷是地下水中砷富集的重要来源。水文地球化学反向模拟进一步反映了水-岩过程中，铁氧化物的还原性溶解的过程中释放吸附其表面的砷元素使得地下水中砷的含量升高。同时在这个过程中还发生了脱硫酸作用降低了地下水中铁的含量。

第7章 高氟地下水空间分布及水文地球影响因素

高氟地下水空间分布不均匀。调查高氟地下水的分布情况以及高氟地下水的形成原因都是需要解决的问题。前文分析总结地质构造、岩石类型、地形地貌的差别是造成这种空间分布差异的最主要原因。不同的补给入渗情况都影响着地下水中氟的空间分布情况。

本章运用数理统计与绘图相结合的方式，利用离子比、灰色关联分析的方法，综合分析地下水氟的分布及富集的成因，为解决研究区饮用水安全提供理论依据。

7.1 高氟地下水的空间分布特征

根据图7.1，水平方向上，地下水氟含量在整体上有由南向北上升的趋势，

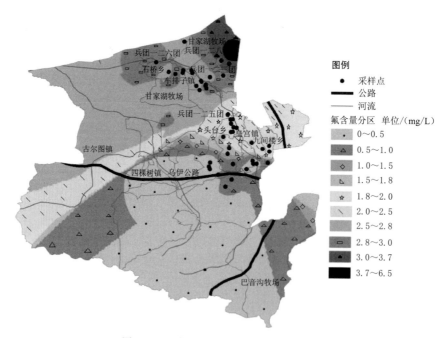

图7.1 奎屯河流域高氟地下水空间分布

高氟地下水主要分布于兵团一二八团和甘家湖牧场附近。甘家湖牧场处能发现高砷、高氟地下水共生的情况。同时靠近乌伊公路及以南处的平原区域地下水氟质量浓度均处于较低水平。

根据图 7.2，垂直方向上，地下水氟的含量分布与井深呈现正相关关系，高氟地下水主要集中在 75～225m 深度范围内。从图 7.2 可以看出，研究区地下 100～200m 范围内主要岩性为渗透性差的粉细砂，地下水

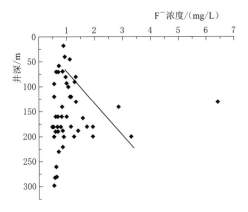

图 7.2　地下水 F⁻ 浓度与井深关系

流动性弱、地下水循环速度慢，易形成高氟地下水。

7.2　地下水中氟离子与其他化学组分的关系

7.2.1　地下水氟与 pH 值的关系

研究区地下水多为弱碱性水，pH 值介于 7.14～8.42。pH 值与 F⁻ 含量呈正相关关系。随着 pH 值的升高，地下水中部分样点 F⁻ 含量升高（图 7.3）。这是由于弱碱性环境下，氟离子的运动状态十分活跃，胶状的沉积物降低对氟的吸附，地下水中有更多的 OH^- 与 F⁻ 发生竞争吸附，OH^- 取代含氟矿物中的 F⁻，地下水中 F⁻ 含量增加。同时，弱碱性地下水环境中 Ca^{2+} 的活性降低，会减少以 CaF_2 沉淀形式存在的氟[41]。

7.2.2　地下水氟与溶解性总固体的关系

整体上，地下水中 F⁻ 浓度与 TDS 呈现负相关关系。TDS 变化范围较大，且随 TDS 增大，地下水中 F⁻ 浓度变化幅度不大（图 7.4）。说明，经过矿物溶解以及特殊地质条件下的强烈蒸发过程，TDS 会随之加大。同时，地下水中 As、F⁻ 浓度未表现出升高的情况，反而呈现轻微下降趋势。这可能是由于取样点附近分布有工厂和污水处理厂等人为污染源、居民不合理排放生活污水等情况造成的[209]。污水中的 NO_3^- 随入渗补给到地下水中，抑制了铁锰氧化物对氟的解吸附，地下水中氟含量减少。

7.2.3　地下水氟与其他主要离子的关系

研究区地下水中 F⁻ 浓度与 Ca^{2+}、Mg^{2+} 呈负相关关系 [图 7.5 (a)、(b)]。说明 MgF_2、CaF_2 及其他钙镁沉淀的溶解平衡是控制地下水中 F⁻ 浓度的重要因素。地下水中 Ca^{2+}、Mg^{2+} 浓度较低时，沉淀溶解平衡向溶解方向进行，有利

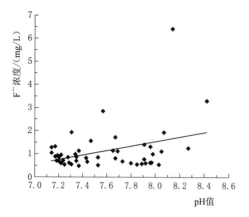

图 7.3　地下水 F⁻ 浓度与 pH 值关系

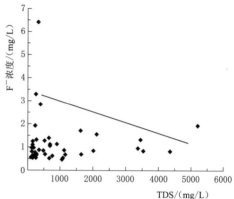

图 7.4　地下水 F⁻ 质量浓度与
溶解性总固体关系

于氟的富集；当 Ca^{2+}、Mg^{2+} 质量浓度增大到超出沉淀的溶解度时，平衡向形成沉淀的方向进行。地下水氟浓度与 Cl^-、SO_4^{2-} 呈负相关关系 [图 7.5 (c)、(d)]，研究区地下水 Cl^- 浓度为 $7.11 \sim 1671.15\mathrm{mg/L}$，均值为 $196.44\mathrm{mg/L}$，处于一般水平，Cl^- 浓度的波动可能是受到奎屯河流域重金属污染的影响[210]，同时重金属污染也会影响地下水中氟离子的浓度。有研究表明[211]，研究区地层中含有石膏等物质，可能是由于石膏的溶解促使地下水中的 SO_4^{2-} 浓度升高。地下水中 $\rho(F^-)$ 与 $\rho(Na^+)/[\rho(Na^+)+\rho(Ca^{2+})]$ 均呈正相关关系 [图 7.5 (e)]。地下水中的 HCO_3^- 与氟离子发生竞争吸附作用，其作用促进地下水中氟含量的增加 [图 7.5 (f)]。表明，高 HCO_3^-、Na^+，低 Ca^{2+} 的弱碱性水化学环境有利于氟富集[212-213]。

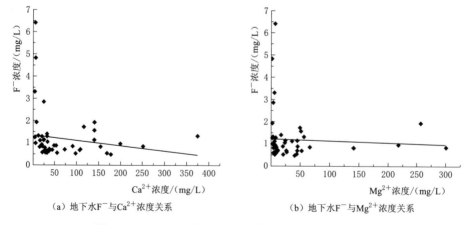

（a）地下水F⁻与Ca²⁺浓度关系　　　　　　　（b）地下水F⁻与Mg²⁺浓度关系

图 7.5 （一）　地下水 F⁻ 浓度与其他主要离子浓度关系

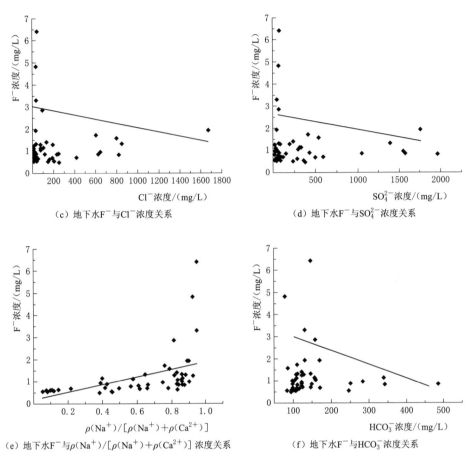

（c）地下水F⁻与Cl⁻浓度关系　　　　（d）地下水F⁻与SO₄²⁻浓度关系

（e）地下水F⁻与$\rho(Na^+)/[\rho(Na^+)+\rho(Ca^{2+})]$浓度关系　　　（f）地下水F⁻与HCO₃⁻浓度关系

图 7.5（二）　地下水 F⁻ 浓度与其他主要离子浓度关系

7.3　地下水氟含量影响因素分析

7.3.1　矿物溶解与沉淀

运用 PHREEQC 软件计算了研究区萤石（Fluorite）和石膏（Gypsum）的饱和指数（图 7.6）。地下水中 F⁻ 浓度与 $SI_{Fluorite}$ 呈现正相关性关系（图 7.6），这说明萤石溶解是造成地下水中氟含量较大的原因。另外，$SI_{Fluorite}$ 均不大于 0，这说明地下水中的钙离子并没有抑制地下水中 F⁻ 含量的增加[214]。地下水中 F⁻ 浓度与 SI_{Gypsum} 呈现负相关关系，说明石膏溶解过程中，Ca^{2+} 含量的增加抑制了地下水中氟的富集。

7.3.2　蒸发浓缩作用

蒸发作用使得地下水中各离子相对含量增大，特别是 TDS、pH 值会有一

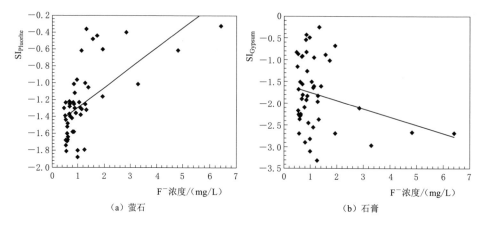

（a）萤石　　　　　　　　　　　　（b）石膏

图 7.6　F⁻ 质量浓度与矿物饱和指数关系

定程度的增大。此时含钙矿物溶解度降低，从而形成缺钙、弱碱性、利于氟

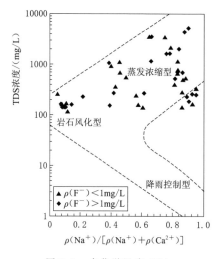

图 7.7　水化学组成 Gibbs

富集的环境。在 Gibbs 图中，取样点分布在上半部分（图 7.7），表明研究区各离子浓度受蒸发浓缩作用与岩石风化作用共同控制[215]。研究区大部分样品点 $\rho(Na^+)/[\rho(Na^+)+\rho(Ca^{2+})]$ 集中在 $0 \sim 0.5$，TDS 值小于 $1.0g/L$，表明岩石风化作用是研究区水化学组分主要的影响因素，同时也控制着氟在地下水中的富集过程。

7.3.3　阴离子竞争吸附作用

弱碱性环境会促使地下水中氟含量增加。其中，地下水中的 OH^- 会破坏出混合物对氟的吸附，同时地下水中的 HCO_3^- 对于氟的竞争吸附也会使得地下水中氟含量的增加[216]。研究区 HCO_3^- 与氟含量没有表现出正相关关系［图 7.5（f）］，这可能是微生物作用或人类及自然活动的影响。

7.3.4　阳离子交换作用

地下水中 Na‑Ca 相互置换可能会直接或间接影响到地下水中氟离子的含量。地下水是贫钙、富钠型地下水利于氟富集。本研究利用氯碱指数定量分析阳离子交换过程，CAI1 与 CAI2 的表达公式见式（3.1）及式（3.2）。当地下水中的 Na^+、K^+ 主动交换，Ca^{2+}、Mg^{2+} 发生解吸时，CAI1 与 CAI2 值为正；反之，CAI1 与 CAI2 值为负，且阳离子交换作用越强，CAI1 与 CAI2 的绝对值越大。

当 $\rho(F^-)<1mg/L$ 时更多样点的 CAI1、CAI2 是大于 0 的（图 7.8），也就是说 Ca^{2+} 被 Na^+ 解吸的作用较强烈。反之，地下水中有更多被 Ca^{2+} 置换出的 Na^+。

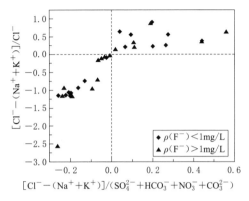

图 7.8 地下水样 CAI1 和 CAI2 关系

7.3.5 地下水氟富集的关联因素

应用灰色关联分析的方法，分析从水化学组分中选取 pH 值、(Na^++K^+)、Ca^{2+}、Mg^{2+}、Cl^-、SO_4^{2-}、HCO_3^- 这七个影响因素作为灰色模型的自变量指标，F^- 的含量作为因变量指标。

由输出结果可以发现这七个水化学组分和氟含量变化的关联性都是比较大的（表 7.1），证明砷、氟的富集与它们都有着比较密切的联系。灰色关联的目的就是在众多影响因素中挑选主控因子，根据关联度结果分析，F^- 与 Ca^{2+}、Mg^{2+} 关联性较强。印证了前文 F^- 与 Ca^{2+}、Mg^{2+} 呈现负相关的结果。且 pH 值、HCO_3^- 这两种水化学成分与氟含量的关系最为紧密，因此，水中 OH^- 含量的变化以及微生物作用下的碳酸演化对氟富集的影响较大。

表 7.1 研究区主要离子成分灰色关联度

灰色关联度	pH 值	K^++Na^+	Ca^{2+}	Mg^{2+}	Cl^-	SO_4^{2-}	HCO_3^-
F^-	0.8968	0.8200	0.8261	0.8214	0.8030	0.8131	0.8824

7.4 沉积物化学组分特征及相关性分析

为阐明研究区沉积物化学组分特征，应用数理统计的方法分析该地区的沉积物组分含量（表 7.2）。统计发现，研究区沉积物 F 含量为 302.80~706.80mg/kg，均值为 484.46mg/kg，高于我国平均水平（478mg/kg）[217]，以全国沉积物 F 含量平均水平为标准，研究区有超过 45.83% 的沉积物样品检测出氟含量超标。相较其他沉积物化学组分，研究区沉积物中 Mn 的组分含量变化波动较小，数据相对比较稳定，分布范围集中；As 含量的变异程度最高，数据分布较为离散；Fe 含量平均水平、变异程度均位居第二；金属元素中，Cu 含量最低，说明当地含铜矿物较少。针对沉积物化学组分的平均水平，发现 Ca 含量最高，As 含量最低。同时，受到当地矿产资源分布的影响，研究区沉积物 Ca 含量跨度较大，数据离散程度较高。而 Mg 含量虽与 F 含量相关性最显著，但沉积物中 Mg 含量次于 Ca、Fe 含量。

表 7.2　　　　　　　　　　　　　沉积物化学组分特征

指标	样点数	最小值/(mg/kg)	最大值/(mg/kg)	平均值/(mg/kg)	标准差	变异系数
F	24	302.80	706.80	484.46	115.26	0.24
Mg	24	8164.49	17500.95	12749.80	2758.73	0.22
Ca	24	19217.11	58028.99	42526.59	11304.39	0.27
Mn	24	614.74	988.61	748.19	116.81	0.16
Fe	24	23877.49	42986.50	30854.38	5310.79	0.17
Cu	24	16.53	43.64	27.34	8.11	0.30
As	24	8.36	28.41	14.82	5.61	0.38

　　运用 Origin 软件对研究区沉积物化学组分进行皮尔逊相关性分析，探究沉积物中常见的化学组分与氟的相关性，为沉积物化学组分对氟含量变化的影响提供理论依据。由图 7.9 可看出，沉积物 F 含量与沉积物 Mg、Ca、Mn、Fe、Cu、As 含量均呈正相关关系，按相关性降序排列为 Mg＞Fe＞Cu＞Ca＞As＞Mn。除 Mn、As 含量外，六种沉积物化学组分含量与沉积物 F 含量的相关性均大于 0.5，说明高氟环境的形成受沉积物 Mg、Ca、Fe、Cu 含量的影响较大，其中沉积物 Mg 含量的变化对 F 含量变化的影响最为显著。

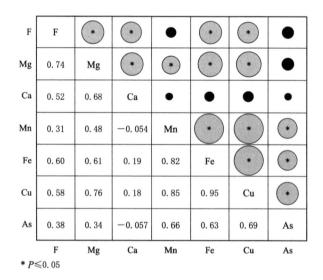

图 7.9　钻孔沉积物化学组分相关系数

7.5 沉积物化学组分对氟释放的影响

对研究区沉积物中各元素进行皮尔逊相关性分析（图 7.9），发现沉积物 F 含量与 Mg、Ca 含量呈显著的正相关关系，沉积物 F 含量随沉积物 Mg、Ca 含量的增大而逐渐上升［图 7.10（a）、（b）］。表明氟更易于富集在镁、钙含量较高的沉积物中。这与 Mg^{2+}、Ca^{2+} 与 F^- 在地下水中发生沉淀作用相关，MgF_2、CaF_2 的析出在一定程度上抑制高氟地下水的形成。

沉积物中 F 含量随 Mn、Fe 含量也不断升高［图 7.10（c）、（d）］，说明沉积物中存在的富含 Fe、Mn 元素的化合物对于氟的富集有一定正向促进作用。这是由于铁、锰氢氧化物等其他易于吸附离子的黏土矿物的存在，使得束缚态的氟化物不断被吸附，并积聚于矿物颗粒表面，经过长期物理化学作用，形成其他化合物，如：氟磷灰石。Mn^{2+}、Fe^{3+} 等微量金属离子能与氟离子生成稳定的络合物（MnF^+、FeF^{2+}），络合反应会使得沉积物中的氟转为地下水中的氟，改变了氟的赋存状态与环境[218]。

同时，研究区冲洪、湖积细土平原区地层中存在沉积物颗粒较细的粉细砂，此处地下水的水力坡度较小、坡度较缓、水流循环速度缓慢、水-岩相互作用周期长[175]，氟在渗透性较差的环境中更容易富集。沉积物中钙、镁离子含量较高，其含量分别为 42526.59mg/kg、17500.95mg/kg。钙、镁离子从沉积物溶解到地下水中，地下水中钙、镁离子浓度增大，形成钙、镁氢氧化物沉淀的过程是动态平衡的过程。沉淀溶解过程中地下水中 OH^- 含量升高，沉积物中的 F^- 易被 OH^- 取代从而释放到地下水当中。地下水中氟浓度的不断升高，达到平衡后，高浓度的含氟地下水会转而抑制 F^- 的释放过程，开始促进沉积物对氟的吸附过程[219]。而研究区具有蒸发强烈、降水少的特点，强烈的蒸发浓缩作用使得地下水发生毛细作用而排泄[84]。沉积物颗粒细腻的平原区域形成了相对封闭的地下水补给、径流、排泄的稳定的循环环境，这不仅使得地下水中的 TDS 升高，而且此处也更容易形成高氟环境（图 7.7）。同时，强烈的蒸发使得地下水中的 F^- 开始与 Ca^{2+}、Mg^{2+}、Fe^{2+} 结合形成 CaF_2、MgF_2、FeF_2 等矿物发成沉淀积累到含水层介质当中。在整个矿物溶解-沉淀、络合-解离、离子吸附-解吸、蒸发浓缩的水文地球化学作用过程中，氟的赋存状态、赋存环境形成了一个循环转化的过程。

沉积物中 F 的含量与沉积物中 Cu、As 含量也呈正相关关系［图 7.10（e）、(f)］。由于氟具有较强电负性，CuF_2 和 CaF_2、MgF_2 等类似，共价性较大，溶解度较小，含铜矿物的存在也利于沉积物中 F 的富集。而沉积物 As 含量与沉积物 F 含量的相关性不够显著，目前，研究区缺乏足够证据说明富砷环境利于氟的富集。

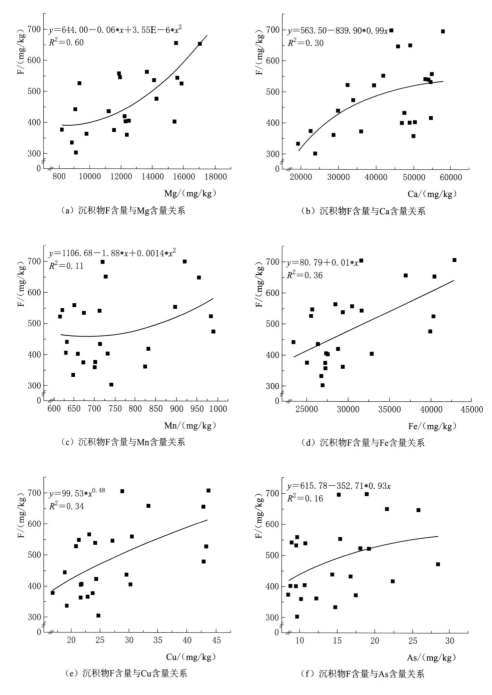

图 7.10　沉积物 F 含量与其他主要矿物含量关系

7.6 沉积物氟含量对地下水氟含量的影响

为探究研究区地下水氟含量与沉积物氟含量之间的关系（图7.11），本书以钻孔沉积物中氟的含量及钻孔附近相同深度处地下水中氟的含量作为样本研究相关性。研究发现，相应深度处地下水氟含量随沉积物氟含量的增大呈现出先增大后减小的情况，沉积物中氟的含量处于 $550 \sim 600 \text{mg/kg}$ 范围内时，地下水中的氟含量也达到最大，约为 1.6mg/L。地下水氟含量变化的前后差异主要是由于氟的赋存环境的转化，沉积物及地下水中氟含量较少时，地质环境中氟的释放量的增加可能最主要来源于磷肥等化肥的投产使用[220]，含氟矿物的溶解-沉淀过程表现为溶解作用大于沉淀作用、F^- 的吸附-解吸过程表现为吸附作用强于解吸作用。而后地下水中氟含量较高，此时，地下水中大量的 F^- 更易于与 Cu^{2+}、Ca^{2+}、Mg^{2+} 等形成 CuF_2、CaF_2、MgF_2 等沉淀，或形成其他氟化物吸附至沉积物颗粒表面富集。

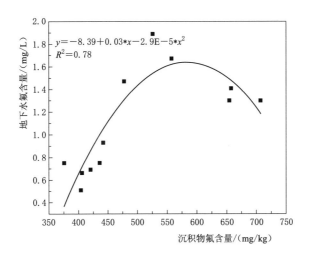

图 7.11　钻孔中沉积物氟含量与相应地下水中氟含量关系

在相同井深环境下，沉积物和地下水中的氟含量存在类似的波动变化（图7.12），可以明显看出钻孔沉积物中氟含量的波动变化要优先于地下水中氟含量的变化，这主要是受到了地层岩性的影响，研究区由表层土壤至100m深土壤处依次为卵砾石-粉细砂-亚黏土，卵砾石分布区沉积物颗粒空隙较大，地下水补给、径流、排泄速度快，水文循环周期短，氟的赋存环境转化迅速，氟的赋存状态也极易受到外界环境的干扰。

通过查阅文献，发现研究区分布有萤石、石膏、磷酸盐和铀矿等[221-222]矿产资源，萤石是形成高氟地下水的最主要原因，是氟的根本来源。石膏溶解过程中会使得地下水中 Ca^{2+} 含量的升高，此时，有更多 CaF_2 析出成为沉积物的一部分，提高了沉积物的氟含量。铀矿极易与磷酸盐等矿物发生反应，其中，氟磷灰石吸附铀后会在矿物表层形成新相准钙铀云母 $[Ca(UO_2)_2(PO_4)_2 \cdot 6H_2O]^{[223]}$，此时 F^- 被置换到地下水中，促进了高氟地下水的形成。粉细砂乃至亚黏土区域，沉积物中的氟含量变化经历了先增大后减小的过程，而地下水中的氟含量变化更为复杂，经历了先减小后增大再减小最后增大的过程。沉积物中氟含量变化过程单一，主要原因是沉积物中有九成以上是残渣态的氟，参与反应且具有较高生物有效性的水溶态氟和可交换态氟的含量较少，而铁锰氧化物态和有机束缚态氟的含量就更少了，尤其铁锰氧化物态氟想要转化赋存状态对沉积物环境的碱性程度有一定要求[224]。地下水中氟含量的变化也是受到了复杂的水文地质环境的影响，地下水中的氟与沉积物中的氟相互转化时，土壤中的腐殖质可以吸附环境中的氟。如：地下水中 F 原子取代土壤 Si–O–Si 中的 O 原子、取代-COOH 中的-OH、取代-OH 中的 H 原子[225]，同时，也可以吸附游离态的 F^- 或 MnF^+、FeF^{2+} 等金属-氟络合离子，将 F^- 再次转化为生物非有效氟，增加了沉积物的氟含量[226]。

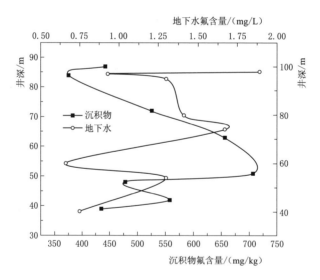

图 7.12　钻孔中沉积物氟含量、相应地下水氟含量与深度关系

因此，可以看出，研究区位于新疆内陆地区，相较于其他干旱区域，研究区除个别异常点以外区域氟离子平均水平不高。水平方向上，高氟地下水在整体上均有由南向北升高的趋势。垂直方向上，氟含量与井深均有显著的正相关关系，随井深增大氟含量呈现增加趋势；高氟地下水主要集中于 $75\sim225m$ 井深

范围内（图 7.2）。石膏、萤石的风化溶解，是研究区地下水氟富集的根本因素。在研究区松散含水介质以及强烈的蒸发浓缩作用下，富钠、缺钙的弱碱性还原环境有利于氟的富集。同时，地下水中碳酸氢根的水解过程，以及对矿物表面附着的氟离子吸附的过程会使得地下水中氟含量的增加。地下水中 Ca^{2+} 置换出 Na^+ 的过程均会增大地下水中氟的离子含量。根据灰色关联度分析发现（表 7.1），从水化学组分中选取的七个变量对氟含量影响是十分强烈的，其中又以 pH 值位居首位，一定范围内增大 OH^- 的浓度会促进氟离子的富集。研究区水-土系统中，通过萤石，钙、镁氢氧化物等矿物的溶解，氟化物中的 F^- 被 OH^- 取代溶解到地下水中。研究区蒸发强烈，地下水中氟含量较高时，铁锰氢氧化物不仅吸附 CuF_2、CaF_2、MgF_2 等沉淀，也吸附游离态的 F^- 和 MnF^+，FeF^{2+} 等金属-氟络合离子，使得沉积物表层积聚大量氟离子、氟化物。水文地球化学过程为地下水及沉积物中氟的释放提供了有力支撑。沉积物氟含量与地下水氟含量有显著相关性。矿物溶解-沉淀、离子吸附-解吸等过程使得相同深度处地下水氟含量随沉积物氟含量的增大呈现先增大后减小的趋势。研究区沉积物颗粒较为细腻的粉细砂、亚黏土区域更利于氟的富集。

第8章 地下水中微生物种群结构与地下水砷的相关性

根据前文对地下水、沉积物的化学性质对砷迁移转化的影响分析可知地下水中砷的富集与所处的生物地球化学环境有关。地下水中微生物利用早期地球环境与一些化学行为的改变来影响砷在地下水中的赋存[227]。而人类生活生产方式，氨氮肥、动畜粪便、矿山污废水等氮源的使用极大地提高了微生物的活性，微生物通过消耗地下水中的溶解氧，使得地下水的还原环境逐渐增强，从而有利于地下水砷的富集。

地下水中微生物群落因理化条件不同形成不同的种群结构，进而影响地下水中砷的富集机制。微生物主要通过不同生物利用度以及不同生态功能来影响地下水砷的吸附-解吸附、还原溶解等迁移转化过程[122]。对不同样品的微生物群落分析，结合不同环境因素的因素，可以认识在天然环境下，砷污染地下水中细菌群落的结构与组成，探讨微生物种群对砷迁移的影响以及微生物在砷的地球化学循环中的作用。

8.1 采样及测试

2019年去地下水及沉积物样品进行分子生物分析时，将样品放入液氮罐中，在两周之内完成DNA提取，然后用干冰冷藏送往上海美吉生物有限公司进行16SrDNA高通量测序。

8.1.1 地下水与沉积物中DNA的提取

将收集的地下水样品低温运回实验室，先用$0.45\mu m$的滤膜过滤水中杂质，后用无菌水反复冲洗滤膜，收集冲洗液；将冲洗$0.45\mu m$滤膜的冲洗液和去除过杂质的水样合并后，再使用$0.22\mu m$滤膜过滤冲洗液和去除杂质的水样，将$0.22\mu m$滤膜剪碎后存放于灭菌离心管中，冷冻保存（图8.1）。沉积物样品DNA提取时将采集的新鲜沉积物样品在实验室中用2mm孔径筛网过筛，去除一些杂质。然后称取$5\sim10g$过筛沉积物样品收集于灭菌离心管中，按照操作说明用土壤试剂盒进行沉积物DNA提取（图8.2）。所有DNA样品均有一个重复，编号为X-1（正式样品）、X-2（备份样品），最后将DNA样品保存在零下 80℃的冰箱中。送往上海美吉生物有限公司，运输时全程用干冰冷冻保存样品。

图 8.1　沉积物样品现场采集

图 8.2　地下水样品 DNA 提取

8.1.2　引物的选择与设计

16S rDNA 高通量测序技术已成为微生物多样性研究中公认的新一代标准技术[228]。在获得目的 DNA 片段前要随机选取代表性的样品进行预实验，并且设置样品重复组，为所有的样品可以进行 PCR 扩增与纯化实验做充分准备。

通过文献查阅[159]，首先选择砷功能基因引物 amlt − 42F _ amlt − 376R（表 8.1）进行 PCR 扩增。PCR 仪采用 ABI GeneAmp® 9700 型，结果质检结果全部显示为 C，即 PCR 产物无法检测到目的条带，无法进行后续实验；然后选择普通引物 338F _ 806R。在经过 29 次循环，退火温度达到 53℃时，结果显示大部分为 A 或 B，即有清晰的 PCR 产物，可以进行后续实验。

表 8.1　　　　　　　　　　　　　DNA 高通量测序引物

编 号	测 序 区 域	引物名称	引 物 序 列	长 度
1	amlt − 42F _ amlt − 376R	amlt − 42F	TCGCGTAATACGCTGGAGAT	346bp
		amlt − 376R	ACTTTCTCGCCGTCTTCCTT	
2	338F _ 806R	338F	ACTCCTACGGGAGGCAGCAG	468bp
		806R	GGACTACHVGGGTWTCTAAT	

8.1.3　16SrDNA 高通量测序分析

（1）PCR 产物定量化与均一化。扩增后的 PCR 产物进行定量检测，用萤光定量系统（Promega 公司），之后按照一定比例混合。

（2）构建文库。利用 PCR 将引物序列接在双末端；产生单链 DNA，得到原始 DNA 数据信息。

（3）测序分析。将单链 DNA 片段的接头序列与碱基序列（PCR 合成引物序列）互补；以此 DNA 片段为模板，合成目的待测 DNA；在温度为 29℃ 时，加入 DNA 聚合酶，每次循环合成一个碱基，统计每一次循环收到的结果，获取模板上 DNA 序列。

（4）生物信息分析。测序得到的 rades 先拼接成长度最少为 10bp 的 rades，同时过滤掉质量值比较低的碱基；得到优化后的目的 DNA 序列，最后进行 OTU 聚类分析与物种分类学分析。

8.2　地下水中微生物群落多样性分析

15 个地下水微生物样品测序共得到 778359 条序列，平均序列长度为 422.25bp。每个样品设置一个重复实验，样品编号在原基础上进行有序调整。序列数最多的样品是 L1 - 1(72296 条)，最少的是样品 L9 - 1（31188 条）。将优化得到的序列进行 OTU 水平聚类、注释，共得到 1 个域（细菌域）、1 个界、35 种门、85 种纲、248 种目、424 种科、806 种属、1294 种种、1796 种 OTU。为了对比分析各样品之间的差异，对样品序列按最小样本序列数进行抽平均一化处理。

8.2.1　Alpha 多样性分析

通过 Alpha 多样性分析反映单个样品微生物群落的信息。反映群落覆盖度的指数为 coverage，该值越高说明样本中序列被测出来的概率越高，从表 8.2 中可以看出，每个地下水样品的 coverage 几乎都大于 99.52%，表明本次测序结果可以真实地反映出样本中微生物特征。反映群落丰富度的指数有：sobs、chao、ace，sobs 指实际观测到的物种丰富度，chao 与 ace 是基于 chao1 算法但意义不同的两种算法。反映群落多样性的指数有：shannon、simpson。

表 8.2　　　　　　　　　　　地下水样品微生物群落各指数

样品编号	砷含量/(μg/L)	sobs	shannon	simpson	ace	chao	coverage
L2 - 1	0.82	183	2.37	0.21	515.43	364.24	0.9972
L3 - 2	0.51	227	2.38	0.17	350.31	326.88	0.9968
L4 - 1	4.45	172	1.76	0.33	630.01	384.69	0.9971
L7 - 1	0.64	320	2.64	0.19	376.39	383.90	0.9974
L8 - 1	3.12	323	3.19	0.08	452.79	452.42	0.9960

续表

样品编号	砷含量/(μg/L)	sobs	shannon	simpson	ace	chao	coverage
L9-1	4.30	139	1.56	0.41	274.05	223.18	0.9981
L10-2	3.11	178	1.13	0.60	234.73	226.62	0.9980
K10-1	1.03	346	4.68	0.03	347.15	346.27	0.9998
L1-1	55.54	140	1.90	0.42	274.05	223.18	0.9996
L5-1	23.61	358	3.25	0.08	632.58	527.53	0.9953
L6-1	26.65	298	3.28	0.07	391.49	368.29	0.9970
K14-2	22.37	466	3.25	0.13	495.28	502.65	0.9977
K15-2	100.06	383	2.66	0.22	439.69	428.31	0.9972
K9-2	132.28	418	3.73	0.05	574.81	551.04	0.9952
K3-2	23.56	407	3.73	0.06	469.78	457.52	0.9970

样品 L2-1 至 K10-1，这 8 个样品砷浓度小于 $10\mu g/L$，后面 7 个样品砷浓度超过 $10\mu g/L$，所以把这 15 个样品分为两组，前 8 个样品为低砷组，后面 7 个为高砷组。从图 8.3 可以看出，低砷组中 shannon 指数范围是 1.13~4.68，平均值为 2.46；高砷组中 shannon 指数范围为 1.9~3.73，平均值为 3.11，表明高砷组中微生物多样性较高。低砷组中 chao 指数范围为 223.18~452.42，高砷组中 chao 指数范围为 223.18~551.04，表现出高砷水组中的微生物群落丰富度高于低砷水组中的微生物群落丰富度（图 8.4）。所以，高砷地下水组中微生物

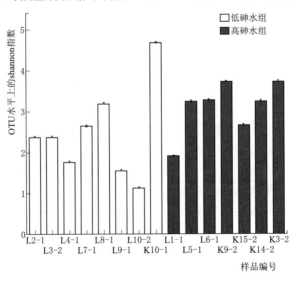

图 8.3　地下水样品微生物多样性 shannon 指数

丰富度与多样性都要高于低砷地下水组。这与 Sarkar 等[229]的研究一致。

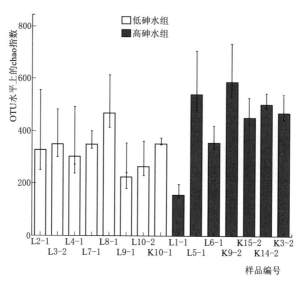

图 8.4　地下水样品微生物多样性 chao 指数

低砷水组中样品 K10-1 中多样性指数最高为 4.68，但丰富度为 346.27 中却不是最高，这可能是因为样品 K10-1 处于冲洪积平原中上部，取样深度较浅，人类活动相对频繁，种植产业相对单一，造成微生物多样性较高，丰富度下降。样品 K9-2 的砷都浓度最高为 132.28μg/L，多样性为 3.73，丰富度为 551.04。在高砷水组中多样性最高，丰富度也最高。样品 K15-2 处于冲湖积平原，砷浓度也为 100.06μg/L，多样性与丰富度也相对较高。高砷地下水样品 L1-1 微生物丰富度为 223.18，在所有样品中丰富度最少，多样性在高砷组水样中也最少，这是由于微生物多样性与丰富度受到不同环境因素的影响，导致样品中微生物种类发生了变化。说明高砷地下水中微生物种类与多样性不一定比低砷地下水中的高，还与环境的变化有关。根据研究，低浓度砷能够刺激微生物生长，高浓度砷对微生物生长有抑制作用[228]。砷浓度对微生物多样性与种类的影响，进一步会影响微生物的种群结构，通过化学循环，最终影响砷的迁移转化。结合图 8.3 和图 8.4，由这些样品中微生物多样性与丰富度的变化可以看出，在高浓度砷环境中已经进化出一些适应性更强的微生物，相对于其他细菌来说，更容易在高砷条件下生存，这可能与地下水中地球化学参数相关。由前面第三章可知，研究区整体环境呈弱碱性，这是微生物最适合生存的环境[230]。

8.2.2　Beta 多样性分析

Beta 多样性是采用 UPGMA 算法对样本群落结构的相似性与差异性在时空

尺度物种组成变化方面进行度量。与 Alpha 多样性不同的是，Beta 多样性通过对不同环境的物种多样性进行比较，它主要是考虑到物种的有无以及物种丰度信息。通过对 15 个地下水样品进行层级聚类分析发现，L1－1、L6－1 和 K15－2 这 3 个高砷样品与低砷组聚到了一起，而 L7－1、L8－1 和 K10－1 与高砷组聚到了一起。其余的高砷样品微生物群落与低砷样品微生物群落明显被分为两组（图 8.5）。这表明高砷地下水中微生物群落与低砷微生物地下水中微生物群落有较大的差异。

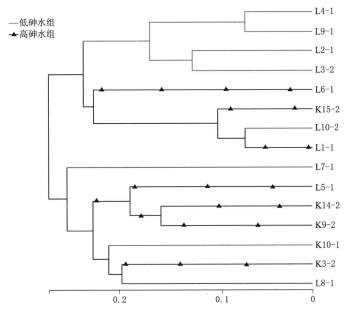

图 8.5 地下水微生物样品层级聚类分析

L1－1、L10－2 和 K15－2 这 3 个样品聚集在一起，且同属于红色树枝，说明这几个样品微生物群落结构较相似。可以推断出 L1－1 和 K15－2 样品微生物中含有特定的微生物物种，而表现出低砷种群结构。K3－2 与 L8－1 在一个小组中，表明在进化的过程中，高浓度砷中微生物为了更好的生存，能自主地降低自身的浓度，而低浓度砷为了促进微生物生长繁殖，也进化出一些物种来满足这些条件。这些微生物在长期的相互影响下，一些物种能够共存于地下水环境中。

PCoA 分析法通过样本群落之间的相似程度与差异性，可以有效地找出样品微生物丰度表（OTU 表）数据中最主要的化学组分和群落结构的相似性（图 8.6）。从图 8.6 中可以看出，高砷组与低砷组有较大的重叠区域，PC1 为 35.05%，即可以解释样品组成差异的 35.05%，PC2 可以解释样品差异的

20.37%，表明这两组样品的微生物群落物种组成比较相似。这可能是由于大部分样品分布在冲湖积平原及冲洪积平原下部的原因，在同一种环境下微生物群落组成最相似。平原区中上部高砷地下水样品 K3-2、K9-2 和 K14-2 分布在 PCoA 图的右边，这 3 个样品点的距离较小，表明高砷水样品中间的微生物群落结构相似；与处于平原下部的低砷水样品 L4-1、L9-1 和 L2-1 距离较大，且低砷水样点在图中比较分散，表现出平原区上部与下部群落组成的差异性。中上部地下水样品 K3-2、K9-2 和 K14-2 的 Eh 分别为 110mV、21mV 和 81mV，氧化环境较为强烈。随着径流方向，逐渐变为还原环境，又由于平原区下部各样品点的砷浓度、铁、锰含量等化学参数不同，导致微生物群落组成存在差异性。

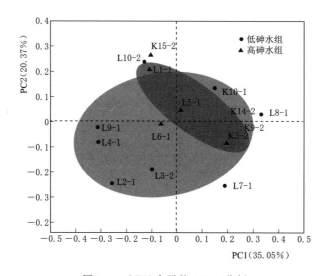

图 8.6　OTU 水平的 PCoA 分析

8.3　影响微生物群落结构的环境因素

CCA 分析将对应分析与多元回归相结合，主要来反映微生物菌群与环境因子之间的关系。分析可以检测环境因子、样本、菌群三者间的关系。

提取所有地下水样品中门水平占比前十的菌种及样品化学数据，利用 R 语言 vegan 包中 RDA 或者 CCA 分析和作图，结果图 8.7，拟杆菌（Bacteroidetes）受到 HCO_3^- 的影响较大，EC 对于绿弯菌（Chloroflexi）作用较明显，NH_4^+ 对于硝化螺旋菌（Nitrospirae）也有较大的影响。在高砷地下水样品中，高砷水样品主要聚集在图形下方，放线菌（Actinobacteria）、酸杆菌（Acidobacteria）、硝化螺旋菌（Nitrospirae）和厚壁菌（Firmicutes）四种细菌对于砷的影响较大。变形菌（Proteobacteria）受到砷的影响最小。环境因子 Fe 与 As 的夹角为锐角，表明 Fe 与 As 为正相关，且都与蓝细菌（Cyanobacteria）表现出显著正相关。是因为蓝细菌能促进植物的光合作用，产生 O_2，地下水中溶解氧增加，使砷吸附在 Fe 氧化物矿物表面。pH 值与 As 共线，与 Deep（取样深度）夹角较小。表明在地下水中，pH 值与 As 显著正相关，在取样深度较大时，地下水中的砷浓度较高，pH 值也较大。这与前面的结论相一致。当地下水中 HCO_3^-浓度较高时，说明地下水环境表现为还原环境，地下水中的砷发生解吸附与竞争吸附作用，其中拟杆菌发挥了较大的作用。

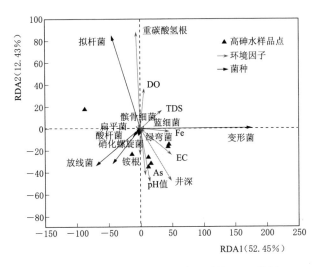

图 8.7　门水平下菌种与环境因子的 CCA 分析

在属水平上进行分析菌种与环境因子的关系，结果如图 8.8 所示。假单胞菌（Pseudomonas）受到 HCO_3^- 的影响较大，湖水水杆状菌（Aquabacterium）与 Fe 显著正相关，pH 值对于氢噬菌（Hydrogenophde）的影响也较明显。Pseudomonas 分解蛋白质的能力很强，产生酸，导致地下水中 pH 值变低，Hydrogenophde 菌属变少。反之，当地下水中 pH 值较高时，Pseudomonas 菌属减少。属水平高砷地下水样品主要聚集在图形左方，说明在此环境中，微生物群落结构属水平受到了环境因子的直接影响。NH_4^+ 与 Aquabacterium 细菌属成负相关，说明随着地下水径流方向，在地表与地下联系较弱时，Aquabacterium 细菌属会相应地减少。当地下水还原性达到最大，即地下水到达冲洪积平原下部时，Aquabacterium 细菌属在微生物群落中丰度最小，此时 Fe/Mn 矿化物发生还原反应。不动杆菌（Acinetobacter）、假苯基杆菌（Pheny-lobacterium）、氢噬菌（Hydrogenophde）、鞘脂单胞菌（Sphingomonas）四种细菌对于砷的影响较大。Deep 与 As 共线，与 pH 值表现出正相关。表明在地下水中，随着取样深度增加，地下水中的砷浓度也随之升高，而 pH 值也会由弱酸性变为中性、弱碱性。这与前面的结论相一致。随着微生物分类水平的不同，当地下水中还原环境越强烈时，Pseudomonas、Aquabacterium 菌属减少，表明 Pseudomonas、Aquabacterium、Acinetobacter 参与了地下水中砷的解吸附与竞争吸附作用。

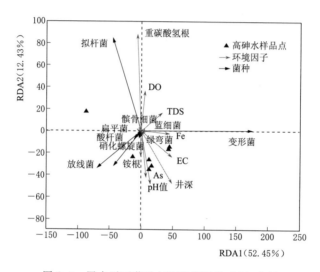

图 8.8　属水平下菌种与环境因子的 CCA 分析

8.4　地下水中微生物群落结构对地下水砷的影响

8.4.1　地下水微生物群落组成

15 个地下水样品中微生物在门水平下共有 35 种（图 8.9），属水平下共有 806 种（图 8.10）。可以看出，在门水平下，变形菌（Proteobacteria）在各样品中丰度最高，占比范围为 57.32%～98.66%，为优势菌门。

放线菌（Actinobacteria）占比范围为 0.08%～22.81%、拟杆菌（Bacteroidetes）的占比为 0.71%～19.83%、厚壁菌（Firmicutes）丰度是 0.08%～16.78%、绿弯菌（Chloroflexi）的丰富度为 0.01%～4.88%、蓝细菌（Cyanobacteria）占比相对较小，为 0.01%～2.68%、硝化螺菌（Nitrospirae）也存在于各个样品中，占比为 0.02%～1.72%、扁平菌（Planctomycetes）的占比是 0.01%～1.65%，这几种菌门在微生物群落中占比也较高。

优势菌门 Proteobacteria 在样品 L10-2 中丰度最大，在 K3-2 中丰度最小，是砷污染环境中最常见的优势菌门之一，里面含有大量的耐砷细菌[234]。其丰度

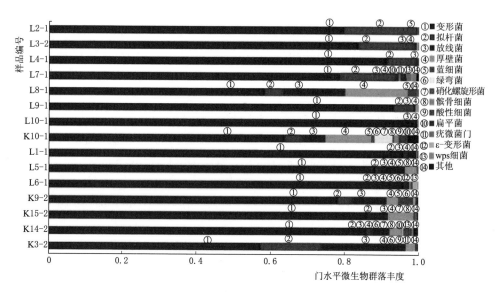

图 8.9 地下水样品中门水平微生物群落组成（丰度小于 1% 合并为 others）

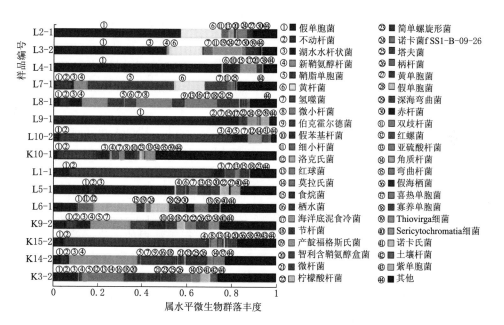

图 8.10 地下水样品中属水平微生物群落组成（丰度小于 3% 合并为 others）

随着海拔的降低表现出先升高后降低的趋势。Actinobacteria 在样品 K3-2 中占比为 22.81%，K9-2 占比为 9.51%，K10-1 中占比为 6.51%，这几个样品点均处于冲洪积平原上部；在冲洪积平原下部样品点 L2-1、L3-2、L4-1 和

L7－1中占比均小于1%，表现出随着水流方向，丰度逐渐降低。Bacteroidetes在样品L2－1中占比最高为19.83%，在样品L7－1中占比为15.19%，其余样品中占比均小于5%。Firmicutes主要在样品L8－1（16.78%）、K10－1（12.26%）、L5－1（3.12%）、K9－2（3.15%）和K15－2（6.78%）中，在其余样品中占比均小于1%。

地下水样品属水平丰度较高的为假单胞菌（Pseudomonas）与不动杆菌（Acinetobacter），其次为湖水水杆状菌（Aquabacterium）、鞘脂单胞菌（Sphingomonas）、微小杆菌（Exiguobacterium）、氢噬菌（Hydrogenophaga）、栖水菌（Enhydrobacter）。Pseudomonas与Acinetobacter存在于所有地下水样品中，占比范围分别为0.8%～82.44%与0.19%～64.71%。而Acinetobacter在高砷样品K15－2中占比最大，为64.71%，在高砷样品L1－1中占比为64.13%。根据Li等[231]研究，Acinetobacter是典型的具有砷代谢能力的菌属，其中一些菌株相较于其他菌属具有明显的抗砷功能。Pseudomonas是较为常见的一种砷代谢菌，与砷的释放迁移密切相关[232]。该菌属具有耐砷及砷酸盐还原功能，部分菌株也具有亚砷酸盐氧化能力[233]。并且，基因arsC与基因aioA都曾在Pseudomonas与Acinetobacter中发现[234]，基因arsC编码砷还原酶，负责将As(V)还原为As(Ⅲ)，再结合ATP与蛋白质形成一个跨膜流出通道，将还原得到的As(Ⅲ)从细胞质里排出，达到解毒效果[235]；基因aioA编码砷氧化酶，将As(Ⅲ)还原为As(V)，降低了细胞中砷的毒性[236]。这些结果都表明高砷地下水中微生物的功能菌属对砷的迁移转化有重要的影响。

在样品K9－2中，As的浓度最高，为132.2μg/L，Pseudomonas占比仅为5.93%，而在低砷样品L2－1、L3－1和L9－1中，Pseudomonas占比分别为56.86%，36.74%，82.44%，丰度较高，与砷浓度呈负相关关系。除了样品L4－1中没有Aquabacterium，其余样品中均含有，所占丰度为0.35%～35.69%，高砷样品L5－1中丰度最高为35.69%。研究表明，Aquabacterium是一种需氧型菌属，可以通过电子受体硝酸盐进行硝酸根的还原，促进厌氧条件下地下水中亚铁和砷的氧化，形成铁氧化物和氢氧化物吸附态的As(V)，从而降低砷的迁移性。Sphingomonas主要分布在样品L7－1中，占到了该样品的38.79%，在样品L8－1中占比为7.39%，其余样品占比小于3%。在河套盆地[237]、孟加拉地区[238]高砷含水层中Pseudomonas与Acinetobacter也是优势菌属，并且这些菌属中也含有大量的耐砷菌。这表明高砷地下水中优势菌属具有一定的相似性。通过对微生物群落组成分析，发现奎屯河流域地下水中一些微生物参与了砷的代谢循环，而其中的优势菌属表现出一定的砷、氮的代谢功能，说明微生物活动对地下水中砷、氮的迁移转换有很大的影响。

8.4.2 地下水细菌群落结构与物化参数的关系

与样品中微生物群落组成相关的环境因子有很多，但其中大部分都是彼此相关的，所以在进行环境因子和微生物群落的相关分析之前，需要先对环境因子进行方差膨胀因子分析（VIF），保留相互作用较小的环境因子，挑选出最优化的环境因子进行后续的研究。其公式为

$$VIF_i = 1/(1-R_i^2) \tag{8.1}$$

式中 i——自变量；

R_i^2——与其他自变量相关的第 i 个自变量的方差比例[239]。

通过 VIF 分析后将筛选的环境因子与样本做 RDA 分析。RDA 分析采用欧氏距离，但欧氏距离有局限性。采用 db-RDA 分析可以此类问题，对地下水样品与处理后的环境因子之间进行 db-RDA 分析（图 8.11）。

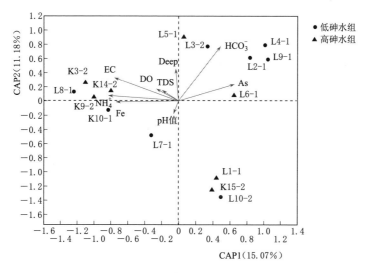

图 8.11 基于属水平的 db-RDA 分析

对得到的样品的环境因子进行 VIF 分析（表 8.3），筛选后的环境因子为 Deep(取样深度)、pH 值、TDS、DO、EC、As、Fe、NH_4^+ 和 HCO_3^-。在 db-RDA 图中，箭头的长短表示环境因子对样本影响的程度，箭头长度与影响程度成正相关关系（图 8.11）。说明 HCO_3^-、NH_4^+、EC、Fe、As 和 Deep 对微生物群落有较大的影响，其中 HCO_3^- 和 NH_4^+ 的对样品 L4-1、K9-2 影响最大。箭头的夹角也代表了相关性，锐角表示正相关，钝角代表负相关。As、HCO_3^- 和 Deep 环境因子间呈正相关，而与 EC、NH_4^+ 和 Fe 间表现为负相关。除了低砷样品点 L10-2，其余低砷样品点距离都较近，而高砷样品点较为分散，表明这些环境因子对高砷水组中的微生物群落影响更大。EC、NH_4^+ 和 Fe 均指向高

砷点 K3-2、K9-2 和 K14-2，这三个样品点分别位于冲洪积平原上、中、下部。说明沿地下水流动方向，随着蒸发浓缩作用与还原环境增强，微生物群落结构发生了很大的变化。在这些环境因子中，pH 值的影响最小，这可能是因为在地下水中 pH 值变化范围不大，为中性或弱碱性环境，是大多数微生物都适宜生存、繁殖的环境。

表 8.3 环 境 因 子 的 VIF 分 析

环境因子	筛选前环境因子 VIF 值	筛选后环境因子 VIF 值
Deep（取样深度）	2.83	2.14
pH 值	4.02	3.02
TDS	18.67	2.04
DO	5.54	3.36
EC	3.23	2.94
As	9.98	1.60
Fe	6.68	4.18
Mn	32.93	15.16
SO_4^{2-}	30.15	13.54
NH_4^+	26.29	2.39
HCO_3^-	7.66	3.57

为了探究地下水中微生物物种与外部环境之间的关系，选用 Heatmap 图可视化展示这些数据的关系。首先，通过 Spearman 等级相关系数计算环境因子与所选物种之间的相关性系数；然后，选取相对丰度前 20 的菌种，将环境因子与物种通过 average 的方式进行层次聚类，将获得的数值（R 值、P 值）以二维矩阵的形式展示出来（图 8.12）。在图中 R 值大小用不同的颜色区块及其深浅程度表示，P 值表示显著性。可以看出，Arthrobacter 与 NH_4^+、TDS 显著负相关，与 pH 值显著正相关；食碱菌（Alcanivorax）与 As 显著正相关； （莫拉氏菌）norank-f-Moraxellaceae 与 Fe 呈负相关；红球菌（Rhodococcus）与 NH_4^+ 负相关，与 pH 值正相关；氢噬菌（Hydrogenophaga）与 DO 呈负相关关系；不动杆菌（Acinetobacter）与 NH_4^+、TDS 和 DO 呈负相关，与 pH 值、Deep 呈正相关。Alcanivorax 是一种好氧细菌，能够大量消耗地下水中的溶解氧，造成还原环境，为地下水砷的富集提供条件。Rhodococcus 能脱硫产生 S^{2-}，易与地下水中溶解的 Fe^{2+} 产生沉淀。Hydrogenophaga、Acinetobacter 与 DO 呈负相关，表明还原环境中 Hydrogenophaga、Acinetobacter 大量存在。可以推断地下水中 SO_4^{2-} 的还原过程主要受 Rhodococcus 细菌影响，而 Alcanivorax、Hydrogenophaga、Acinetobacter 与地下水砷富集过程中都有较大的关系。

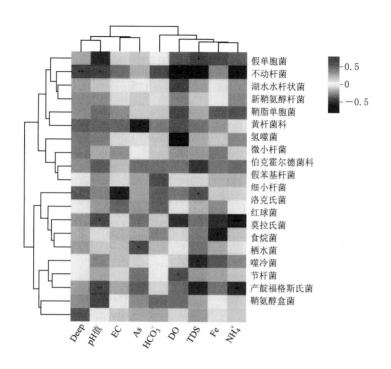

图 8.12 地下水样品中主要微生物与环境因子的相关性

(注 1. 选取总丰度前 20 的物种;

2. 左侧和上侧,呈现物种和环境因子聚类分析;

3. 图例是不同 R 值的颜色区间;

4. * $0.01 < P \leqslant 0.05$, * * $0.001 < P \leqslant 0.01$, * * * $P \leqslant 0.001$。)

8.4.3 细菌群落结构对地下水砷的影响

在属水平下选取丰度为 1~15 的物种,通过对高砷地下水与低砷地下水两组之间微生物群落差异性进行差异性检验(图 8.13)与显著性检验(图 8.14),评估出两组间有差异的物种。可以看出,高砷水组与低砷水组间的微生物结构有显著差异。由图 8.13 可看出,Pseudomonas、Sphingobium 主要存在于低砷地下水中,而 Acinetobacter 和 Aquabacterium 主要存在于高砷地下水中;Hydrogenophaga 在两组地下水中占比较为均匀。从图 8.14 中可看出,高砷地下水中的节杆菌属(Arthrobacter)和考克氏菌属(Kocuria)和莱茵海默氏菌属(Rheinheimera)等大部分菌属均与低砷水组有较大的差异,差异最大为 Arthrobacter;只有紫单胞菌属(Paraerlucidibaca)和冷杆菌属(Kordiimonas)在低砷水组的丰度远高于高砷水组中丰度。Paraerlucidibaca 和 Kordiimonas 为假单胞菌科,与 Pseudomonas 具有亲缘关系。而在属水平下丰度较高的微生物物种 Pseudomonas 和 Acinetobacter 却没有在图 8.14 中显示。这表明在地下水中,

103

Pseudomonas 和 Acinetobacter 等菌属普遍存在，这些微生物的存在对地下水中砷的富集也具有普遍意义。细菌属结构的差异对砷浓度影响较小，这可能是因为菌种在地下水环境中的生长还受到了其他因素的影响。也可能与微生物生存的环境有关。有些环境因子能直接抑制微生物群落结构的构成，而有些微生物却能够在此环境中受影响较小。

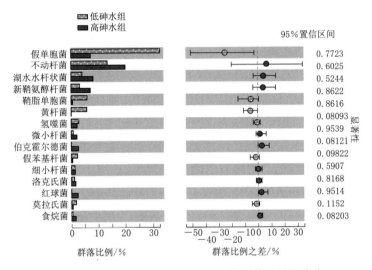

图 8.13　地下水样品中属水平微生物群落差异性检验

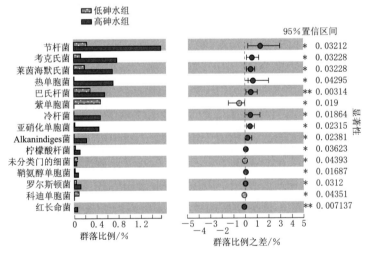

图 8.14　地下水样品中属水平微生物群落显著性检验

由前文分析可知，Pseudomonas 在地下水微生物中占比最大。据报道，砷污染环境中 Pseudomonas 的存在十分普遍，Pseudomonas 是兼性厌氧菌，其典型的呼吸作用就是利用硝酸盐为电子受体进行新陈代谢[240]。已被分离和鉴定的 Pseudomonas 菌株中有很多为耐砷菌，但是大部分的假单胞菌可以利用的电子受体中并不包括 As(V) 和铁离子，作为含水层中最丰富的菌群，假单胞菌可能是间接地影响砷的迁移过程。这些超级耐受 As(V) 的菌可以生产出一种与铁结合的化合物，这样它们就可以吸收非溶解态的铁矿物如臭葱石中的铁，通过活性迁移机理进入到细菌的细胞中，在该过程中，As(V) 从固态被释放成为溶解态，迁移出来的 As(V) 又被细菌砷还原酶作用还原为毒性更大的 As(III)，As(III)通过细菌的化学渗透排出系统被排出细胞外。

地下水样品进行 16SrDNA 测序分析共得到 1796 个 OTU，属于 1 个域（细菌域）、35 个门、85 个纲、806 个菌属。由于样品点位置、环境因素的不同，高砷地下水样品与低砷样品点的群落结构有较大差异。高砷水样品间的微生物群落结构较为相似，低砷水样品间的群落结构有较大差异。砷浓度对微生物多样性与种类的影响，是通过地下水化学循环，对微生物的种群结构产生作用，造成地下水砷的富集。

微生物多样性与丰富度受到不同环境因素的影响，导致样品中微生物种类发生了变化。地下水中对微生物群落结构影响较大的环境因子是 HCO_3^-、NH_4^+、Ec、Fe、As 和 Deep（取样深度）。微生物通过参与地下水中砷的解吸附与竞争吸附作用来影响砷的赋存形态。Bacteroidetes 在 HCO_3^- 的竞争吸附作用中有较大影响；Nitrospirae 能促使 NH_4^+ 形成还原环境，将固态的砷溶解进入地下水中；而 Chloroflexi 的蒸发浓缩作用使得砷在地下水进一步富集。

地下水样品中丰度靠前的门分别为 Proteobacteria、Actinobacteria、Bacteroidetes、Firmicutes、Chloroflexi 和 Cyanobacteria。丰度靠前的属分别是 Pseudomonas、Acinetobacter、Aquabacterium、Sphingomonas、Exiguobacterium 和 Hydrogenophaga。Pseudomonas 和 Nitrospirae 等主要分布在高砷地下水中；Acinetobacter 和 Sphingomonas 等主要分布在低砷地下水中。高砷地下水中存在大量的硝酸盐还原菌，它们的大量存在不仅对砷的生物地球化学循环起着重要的作用，而且也促进了高砷环境中还原条件的形成。细菌属的结构的差异对砷浓度影响较小，这可能是因为菌种在地下水环境中的生长还受到了其他因素的影响。

第9章 沉积物中微生物种群结构特征对含水系统砷的影响

微生物在物质合成、降解等各种元素循环方面具有重要的生态功能，沉积物中含有大量的微生物，他们促使沉积物活性变强，导致沉积物表面吸附的砷溶解进入地下水。微生物参与砷的迁移转化主要与微生物的种类有很大关系。环境条件的变化，通常会改变地下水中微生物群体特征，从而改变砷在水环境中的形态和分布[241]。

沉积环境与地下水环境的长期演化，是高砷地下水形成的关键条件。在地下含水层中，砷的迁移转换往往受到多种因素的综合影响。微生物的群落及结构，会影响微生物在活动过程中所产生的物质，而砷通常被带正电的矿物质吸附而存在于含水层沉积物中。微生物参与下的氧化还原反应、竞争吸附反应等，会促进砷的释放，导致砷在液相中富集[242]。因此，查明沉积物中微生物种群结构，鉴定出具体的微生物种类，对于了解微生物对于含水层系统砷的影响有非常大的作用。

9.1 沉积物中微生物群落结构分析

9.1.1 微生物多样性

对 18 个沉积物样品进行生物信息统计，共测得有效序列 1032046 条，平均序列长度为 418.08bp，序列数最少的样品是 C22-1(44461 条)，最多的是 D9-1(73779 条)，将得到的序列注释后共得到 1 个域，1 个界，33 种门，71 种纲，209 种目，374 种科，810 种属，1280 种种，1927 种 OTU。

1. Alpha 多样性分析

通过对沉积物样品进行 Alpha 多样性指数分析（表 9.1），发现各样本的检测覆盖率都超过 99.79%，表明测序结果可以真实有效地反应沉积物样品中微生物的群落特征。shannon 指数为 1.8～4.12，表明 18 个沉积物中微生物多样性变化程度不大。chao 指数为 181.50～721.16，表明沉积物中微生物种类普遍较丰富。位于冲洪积平原下部的样点 C24-1 砷浓度为 18.07mg/kg，微生物多样性最高为 4.12，但微生物丰富度仅为 256.75；冲洪积平原上部的样品点 D14-1 砷浓度为 21.01mg/kg，微生物多样性最低为 1.80，微生物丰富度却为 390.00。说明在沉积物样品中，砷浓度与微生物多样性、丰富度并没有一定的相关性。

表 9.1 沉积物样品中微生物群落指数

样品	深度/m	砷含量/(mg/kg)	sobs	shannon	simpson	ace	chao	coverage
C4-1	9	9.43	287	3.96	0.07	295.06	296.75	0.9997
C7-1	19	13.02	398	4.06	0.05	407.15	427.55	0.9994
C8-1	22	19.19	295	4.09	0.09	303.95	308.75	0.9997
C10-1	26	9.63	377	3.96	0.06	385.61	390.15	0.9995
C13-1	36	16.77	223	3.19	0.14	283.46	298.60	0.9993
C14-1	39	15.38	174	2.93	0.18	181.33	181.50	0.9998
C15-1	41	12.14	401	3.58	0.12	408.82	412.05	0.9995
C19-1	50	11.29	225	3.06	0.18	231.93	251.00	0.9997
C20-1	54	13.74	231	2.33	0.37	237.26	237.11	0.9997
C22-1	66	21.31	299	2.97	0.13	306.35	308.55	0.9995
C24-1	72	18.07	243	4.12	0.05	261.70	256.75	0.9997
C26-1	78	24.85	205	2.88	0.13	210.49	216.14	0.9997
C30-1	90	14.72	198	2.46	0.28	207.74	213.11	0.9996
D4-1	10	10.15	233	3.03	0.11	359.97	318.00	0.9988
D6-1	18	12.55	318	3.70	0.06	405.07	402.18	0.9988
D8-1	24	8.71	329	2.69	0.15	409.93	412.44	0.9979
D9-1	27	9.87	516	3.68	0.07	705.62	721.16	0.9963
D14-1	45	21.01	365	1.80	0.50	391.81	390.00	0.9989

2. Beat 多样性分析

对 18 个沉积物微生物样做主坐标分析（PCoA），结果如图 9.1 所示。第一、二轴分别是 38.56% 和 20.08%，即在第一轴方向上，对这些样品的差异解释度有 38.56%。在第二轴方向上，对这些样品的差异解释度有 20.08%。18 个样品彼此都比较分散，且分布在四个区域，说明沉积物中微生物群落结构差异较大。对这 4 个区域的样品进行分组检验差异分析。为验证这样分组的合理性，进行 ANOSIM 分析，结果如图 9.2 所示，Down 表示处于冲洪积平原下部的样品点，On 为处于冲洪积平原上部的样品点。组间距离均高于组内距离，表明分组样品合理有据，且上下部的微生物群落差异显著。

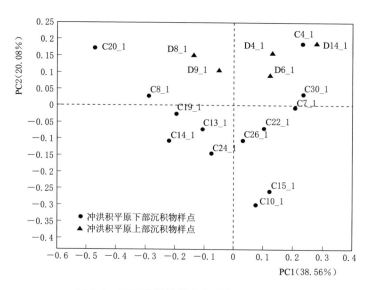

图 9.1　沉积物样品微生物群落 PCoA 分析

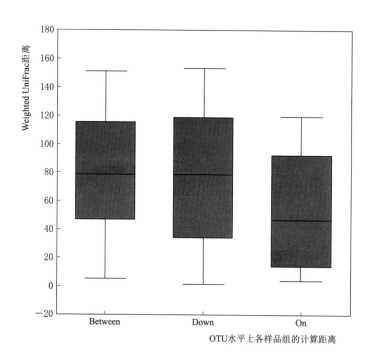

图 9.2　沉积物样品微生物群落 ANOSIM 分析

（注　距离算法采用 Weighted UniFrac，Between 为组间差异的距离值。

Down 与 On 代表组内差异，纵坐标为距离值。）

对这些样品进行聚类分析（图 9.3），可以看出，除了冲洪积平原上部样品点 D14-1 与下部样品点 C30-1 聚在一起，其余样品点明显被分为两组，这表明冲洪积平原上部与下部的沉积物样品微生物群落结构有较大差异。其中，冲洪积平原上部样品点 D4-1 和 D6-1 聚到一块，D8-1 和 D9-1 聚在一起，这说明在平原区上部微生物群落结构与采样深度、沉积物有明显的关联。但是在冲洪积平原下部，C24-1、C13-1、C14-1 和 C19-1 聚在了一起，并未显示出平原区上部的规律。这可能是随着地下水流动方向，沉积物中微生物群落受到了各种环境因素的影响，如地下水 pH 值、沉积物取样深度、土壤饱和度、沉积物中化学参数以及氧化还原环境的改变[243]。

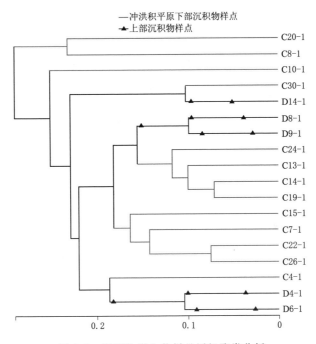

图 9.3　沉积物微生物样品层级聚类分析

9.1.2　群落组成

测序获得的序列注释后得到细菌界，共有 33 种门（图 9.4）。门水平以变形菌门的丰度最高（Proteobcatria 为 30.23%～87.87%），其次为放线菌（Actinobacteria 为 3.280%～65.22%）、厚壁菌门（Firmicutes 为 1.71%～14.37%）、拟杆菌门（Bacteroidetes 为 0.46%～16.67%）、绿弯菌门（Chloroflexi 为 1%～2.39%）、梭杆菌门（Fusobacteria 为 5.81%）以及未分类变形菌门均小于 1%。沉积物样品细菌门水平下主要微生物组成差异较小，前 5 种菌门在大多数样品种均有体现，占总体门水平丰度的 88.5% 以上。Proteobcatria 存在于每个样品中，且在每个样品中丰度占比很大，在样品C8-1中丰度最小为30.23％，在样品D14-1中占比为87.87％，达到了最大。第二丰度门Actinobacteria除了在样品C4-1中占比较小为3.80％，在其余样品中丰度均大于10％。Firmicutes在样品C15-1、C19-1、C22-1、C26-1和C30-1中占比小于2％，在其余样品中丰富也较高，最高达到14.37％。Bacteroidetes在样品C22-1、C26-1、C30-1和D4-1均小于1％，C26-1中占比仅为0.32％。Chloroflexi在沉积物样品中占比相对较小，在样品C4-1中占比最大为2.39％，C8-1(2.20％)、C24-1(1.90％)，其余样品中占比均小于1％。Fusobacteria仅存在于样品C20-1中。

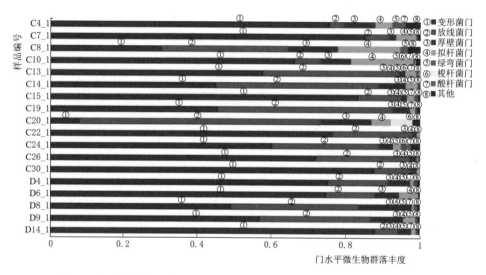

图9.4　沉积物样品门水平微生物群落组成（丰度小于1％合并为others）

样品属水平下主要微生物组成如图9.5所示，各样品间的群落组成差异较大。丰度较高的属有节杆菌（Arthrobacter）、不动杆菌（Acinetobacter）、假单胞菌（Pseudomonas）、新鞘氨醇杆菌（Novosphingobium）、氢噬菌（Hydrogenophaga）。Arthrobacter所有样品中均有分布。在样品D9-1中占比最小为1.81％，C20-1中占比最大为60.13％。Acinetobacter是沉积物样品的第二大属，在样品C4-1与C20-1中占比小于3％。但在D14-1中占比高达77.24％。Pseudomonas在内蒙古盆地是丰度最高的菌属，占比最高达51.40％[245]。但在本研究区沉积物样品中占比属较小，最高的是C4-1(35.50％)，C8-1与C20-1中占比分别为0.21％、0.27％，剩余样品中丰度为10％～30％。Novosphingobium在样品C26-1中占比最高为26.27％，其余样品中占比范围是0.38％～5.41％。Hydrogenophaga在样品D4-1中未检测到，剩余样品中丰度均小于8.23％。C14-1样品中属种类最多，除了Arthrobacter 占比稍微大一些，其他菌属丰度比较均匀。D14-1 样品属种类最少，Acinetobacter 占比较大，其他菌属丰度值相差不大。

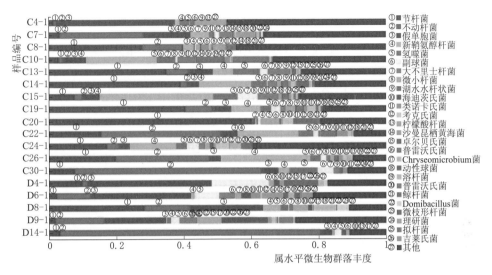

图 9.5 沉积物样品属水平微生物群落组成（丰度小于 3% 合并为 others）

9.2 沉积物中微生物群落结构对沉积物砷的影响

9.2.1 微生物群落结构与沉积物中理化参数的关系

对采样深度（Deep）、Ca、Mg、Mn、Fe、Cu、As 这几个环境因素 VIF 分析，筛选后的影响因子 Ca、Mg、Mn、Cu、As。环境因子对于地下水中微生物群落组成具有重要的影响。通过 db-RDA 对 18 个沉积物样品的微生物群落、环境因子进行分析（图 9.6）。发现冲洪积平原上部样品点分布在图形的下方区域，而冲洪积平原下部大部分样品点分布在图形上方区域，表明平原区上下部的样品受环境因子的影响有明显的区别。图中箭头为 As、Ca、Mg、Cu、Mn 五个环境因子，环境因子箭头长短表示出其对于微生物群落的影响程度。在这五个环境因子中，Ca 对微生物群落的影响最大，其次是 Cu、Mn、Mg，As 对微生物群落影响最小。Ca 对微生物群落结构有较大的影响，可能是因为水-岩相互作用的过程。奎屯河流域南部的矿产资源在地下水径流过程中发生沉淀-溶解过程，含水层中矿物组成成分方解石（$CaCO_3$）、白云石 [$CaMg(CO_3)_2$]、萤石（CaF_2）等与地下水中的化学组分进行反应，发生沉淀，进而影响微生物种群结构。Mn 对微生物群落也有较大影响，这可能是随着铁/锰氧化矿物的溶解，地下水中 As(Ⅲ) 溶解而将 As(Ⅴ) 析出，从而影响微生物群落。As 对微生物群

111

落影响最小，这是由于地下水径流的过程中，CO_2 与 H_2O 结合改变地下水中的碱度，不利于砷的释放。样品点与环境因子箭头是否一致代表正、负相关性，冲洪积平原上游区沉积物品点与 Ca、As、Mg 成正相关；处于平原下部的大部分样品点与环境因子都是负相关关系，除了样品 C14－1、C19－1 与 C20－1 与 Mn 为正相关。这进一步验证了不同环境因子对微生物群落的影响程度，随着地下水流动，水-岩作用过程中，铁/锰氧化物的还原性溶解使得吸附其表面的砷元素释放，导致地下水中砷浓度发生变化，影响含水层中微生物群落结构。

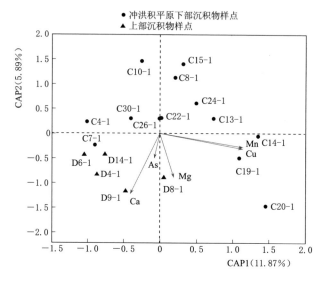

图 9.6　沉积物样品 db－RDA 分析

　　选取微生物物种丰度前 20 的微生物菌属，将 18 个沉积物样品中不同的微生物物种与环境变量之间的关系以矩阵形式展现出来（图 9.7）。Ca 与 Hydrogenophaga、Novosphingobium、Aquabacterium 在 0.01 水平显著负相关，表明方解石等矿化物的还原过程与这几种细菌有关。在地下水的径流作用下，沉积层中的含砷矿物在微生物作用下进入地下水中，使得沉积物中吸附态砷减少。Deep（取样深度）与 Hydrogenophaga 在 0.05 水平显著正相关，Hydrogenoph-aga 为革兰氏阴性菌，具有反硝化作用。在取样深度较大时，还原环境强烈，通过反硝化作用能产生 NO_3^-，促使吸附在矿物表面的砷发生解吸附作用进入地下水。As 与 Pseudomonas 在 0.001 水平显著负相关，从前面的分析可知，Pseudomonas 主要存在低砷水中。Mn 与 Nocardioides 在 0.05 水平显著正相关，表现出铁/锰氧化矿物是沉积物砷的主要载体。Nocardioides 能产生 H_2S，这可能是在采集沉积物过程中能闻到臭味的原因。富含有机质的沉积物中，颜色表现为黑色，沉积物岩性一般为细砂或者黏土，能够为 Nocardioides 等提供能量，当其活动强烈时，铁/锰矿物等电子供体被还原，从而促使砷的释放。以上结果说明，微生物活动对砷的迁移转化有重要影响。Pseudomonas、Novosphingobium、Hydrogenophaga 等微生物主要通过氧化还原环境的改变，促使含砷矿物的活性提高，而铁/锰矿物氧化物的还原性溶解是含水层中砷释放迁移的主要原因。

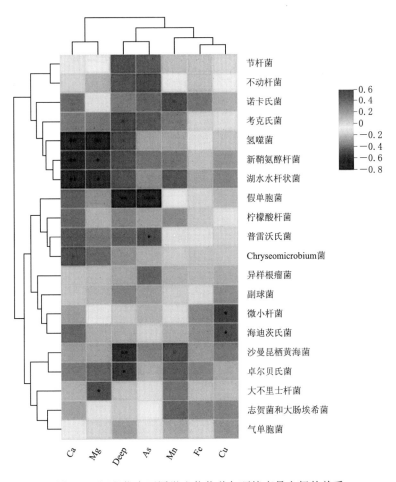

图 9.7　沉积物中不同微生物物种与环境变量之间的关系

9.2.2　微生物对沉积物中砷的影响

由沉积物样品微生物群落组成可知，Proteobcatria、Actinobacteria 和 Chloroflexi 是微生物群落门水平下的优势菌门，Arthrobacter、Acinetobacter、Pseudomonas 和 Hydrogenophaga 为优势菌属。Proteobcatria 中含有大量的耐砷细菌[244]，Actinobacteria 适宜生存在少分较少、有机质丰富、呈弱碱性的土壤中，在土壤中能够促进动植物尸体的腐烂。Actinobacteria 的大量存在，表明沉积物中还原环境较为强烈，能促使砷从沉积物岩石表面溶解，其中含有的硫化菌能

使地下水发生 SO_4^{2-} 的还原，使得地下水中砷进一步聚集。Chloroflexi 是厌氧菌，能够通过氢气使有机化合物产生还原作用。Arthrobacter 为革兰氏阳性，可以降解有机污染物。Arthrobacter 通过吸附地下水中溶解态的砷与铁锰矿化物共存于沉积物中，使得沉积物中砷浓度升高。Actinobacteria 可以分解有机材料，因此在有机物转化与碳循环方面有重要作用。可以推断该类细菌在土壤中有机质的形成过程中起重要作用。Pseudomonas 中有砷还原菌和硝酸盐还原菌[245]，Hydrogenophaga 是砷氧化菌且具有较强的抗砷能力，以氧化 As(Ⅲ) 获得能量生存在高砷环境中[246]。

　　沉积物中丰富的有机质能够促进砷的自然衰减[46]，高含量的有机质能够通过刺激 Pseudomonas 和 Hydrogenophaga。Actinobacteria 通过分解有机质，为其他细菌提供能源，Pseudomonas 在还原土壤中硝酸盐的过程中，以 As(Ⅴ) 为电子受体，生成固态的 Fe(Ⅲ) 氧化物，将砷固定在其氧化物表面。随着沉积物中氧化环境的增强，Hydrogenophaga 将地下水中 As(Ⅲ) 氧化，溶解态砷变为固相砷存在于沉积物中。而沉积物岩性、沉积物中化学条件的不均一性导致了细菌群落结构组成的明显差异，使得微生物对于沉积物中砷的影响又受到了制约。

9.3　沉积物中微生物群落结构对地下水砷的影响

　　选取冲洪积平原下部水样点 L6、L9、K15 与相邻沉积物样品 C8、C14、C24。其中地下水样品的砷浓度分别为 26.60μg/L、4.3μg/L 和 100.00μg/L，沉积物样品中砷浓度为 19.19mg/kg、15.38mg/kg 和 18.07mg/kg。利用测序结果的 OTU 数据得知，这些样品中微生物多样性较为丰富，对地下水中砷的迁移具有明显的影响。

　　LD 为地下水样品组，LC 为临近位置的沉积物样品组。由图 9.8、图 9.9 可以看出，沉积物中微生物多样性高于地下水中的微生物，且组间距离远远大于组内距离，证明分组合理，通过这两组样品可以合理地分析出沉积物中微生物群落结构对地下水砷的影响。根据 PCoA 分析和 NMDS 分析（图 9.10），显示地下水样品点与相邻的沉积物的群落结构并不相似。

　　根据表 9.2 和热图 9.11 和之前地下水和沉积物的分析可以看出，含水层系统微生物主要由 Aquabacterium、Arthrobacter 和 Pseudomonas 组成，这些微生物主要是砷还原和硝酸盐还原菌。而沉积物的中主要微生物组分是 Proteobcatria、Actinobacteria 和 Chloroflexi 等。其中 Proteobcatria 为丰度都最高的微生物，且部分菌种有还原砷的作用。由表 9.2 可知，地下水与沉积物中的菌属主要为 Proteobcatria 门水平。属于 Proteobcatria 门 Actinobacteria 细菌

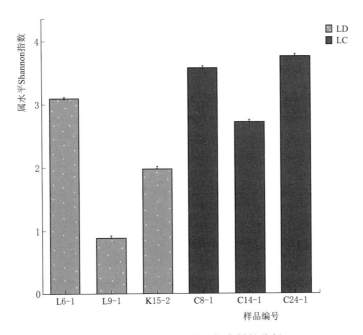

图 9.8 样品 Alpha 微生物多样性分析

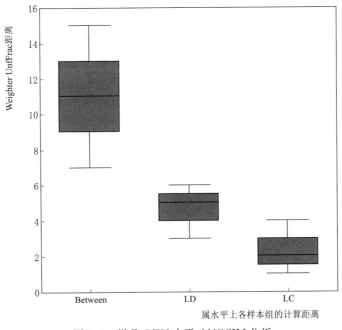

图 9.9 样品 OTU 水平 ANOSIM 分析

（注 Between 为组间差异的距离值。LD 与 LC 代表组内差异，纵坐标为距离值。）

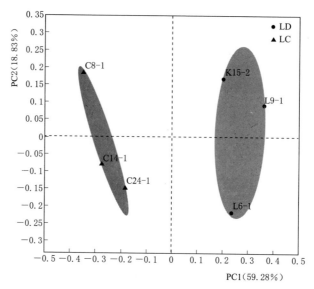

（a）PCoA分析

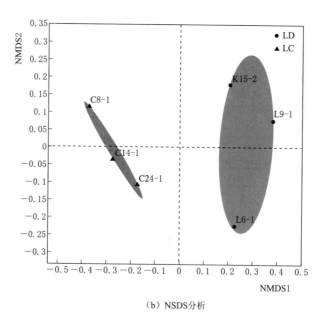

（b）NSDS分析

图 9.10　样品微生物群落分析

（注　圆圈为地下水样点，三角形为沉积物样点。

距离算法采用 Weighted UniFrac。）

属，在地下水中相对丰度比最高为 64.76%，而属于 Actinobacteria 门的 Hydrogenopphaga 菌属在沉积物中的丰度比最大。这表明在高砷地下水中，Proteobacteria 对地下水中砷有显著影响，在地下水环境中，砷还原菌、铁还原菌的存在使沉积物中固态的砷、铁变为溶解态、游离态。当地下水中 HCO_3^- 浓度较高时[247]，地下水中离子与矿物中物质产生竞争吸附，造成地下水中砷浓度升高。微生物参与地下水与沉积物的化学循环，导致了沉积物中砷的释放与地下水中砷的富集。

表 9.2　　　　　　　　地下水与相邻沉积物的微生物差异

门	属	贡献率/%	地下水相对丰度/%	沉积物相对丰度/%
变形菌（Proteobacteria）	放线菌（Acinetobacter）	5.09	64.76	7.86
厚壁菌（Firmicutes）	假单胞菌（Pseudomonas）	3.23	32.81	3.62
放线菌（Actinobacteria）	节杆菌（Arthrobacter）	1.27	0.29	28.04
变形菌（Proteobacteria）	氢噬菌（Hydrogenopphaga）	1.15	0.57	3.89
拟杆菌（Bacteroidetes）	新鞘氨醇杆菌（Novosphingobium）	1.13	0.18	10.66
变形菌（Proteobacteria）	湖水水杆状菌（Aquabacterium）	1.01	0.24	1.35

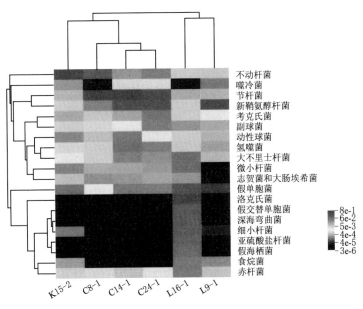

图 9.11　样品点微生物属热图

由前文可知沉积物样品进行 16S rDNA 测序分析共得到 1796 个 OTU，属于 1 个域（细菌域），33 种门，71 个纲，209 种目，374 种科，810 种属，1280 种种，1927 种 OTU。丰度靠前的门分别为变形菌（Proteobacteria）、放线菌（Actinobacteria）、厚壁菌（Firmicutes）、拟杆菌（Bacteroidetes）和绿弯菌（Chloroflexi）。丰度靠前的属分别是节杆菌（Arthrobacter）、放线菌（Acinetobacter）、假单胞菌（Pseudomonas）、新鞘氨醇杆菌（Novosphingobium）和氢噬菌（Hydrogenopphaga）。沉积物中微生物群落结构差异较大，平原区上部微生物群落结构与采样深度、沉积物有明显的关联；随着地下水流动方向，沉积物中微生物群落受到了各种环境因素的影响。沉积物样品中对微生物群落结构影响较大的环境因子是 Ca、Mg、Mn、Cu、As。Ca、Mn 两种环境因子对微生物群落影响最大。这是由于含水层中随着铁/锰氧化矿物的溶解与矿物组成成分方解石、白云石、萤石等与地下水中的化学组分进行反应，地下水中 As(Ⅲ) 溶解而沉积物中 As(Ⅴ) 解吸附，微生物群落结构受到影响。Proteobcatria、Actinobacteria、Chloroflexi 是微生物群落门水平下的优势菌门，Arthrobacter、Acinetobacter、Pseudomonas、Hydrogenophaga 为优势菌属。Proteobcatria 中含有大量的耐砷细菌，Actinobacteria 含有硫化菌促使地下水发生 SO_4^{2-} 的还原，使得地下水中砷进一步聚集；Chloroflexi 能够通过氢气使有机化合物产生还原作用，Pseudomonas 中有砷还原菌和硝酸盐还原菌，Hydrogenophaga 以氧化 As(Ⅲ) 获得能量生存在高砷环境中。Pseudomonas、Novosphingobium、Hydrogenophaga 等微生物主要通过氧化还原环境的改变，促使含砷矿物的活性提高，而铁/锰矿物氧化物的还原性溶解是含水层中砷迁移的主要原因。在含水系统中，Pseudomons 受到 HCO_3^- 与 Fe 的影响较大，pH 值对于 Hydrogenophde 的影响也较明显。沉积物中方解石、白云石、萤石等矿化物与地下水中的化学组分进行反应，发生沉淀，进而影响微生物种群结构。微生物通过参与地下水与沉积物的化学循环，影响沉积物中砷的释放与地下水中砷的富集。

9.4 沉积物的理化性质对砷迁移的影响

沉积物粒径小且颜色较深的沉积层中 As 含量高。这是由于颜色较深的黏土层中有机物丰富且颗粒较细，有机物会促进微生物呼吸，同时细颗粒的黏土层阻隔了溶解氧的进入，促使沉积物形成局部还原环境，增强沉积物中砷释放。本研究区沉积物砷的最大值的分布与 Brahmaputra floodplain（BFP）研究区一致[248]，最大值都是分布在沉积物颜色较深的黏土或细砂层中。同时钻孔 C1 中 As 浓度高的沉积层中 Fe、Mn 含量也高，呈极显著正相关关系。这是由于 Fe、Mn 矿物中含有敏感性和迁移率较高的还原组分[249]，并且是 As 主要的固相载体[248]，处于冲湖积平原的钻孔 C1，沉积物颗粒较细，水-岩相互作用时间长，砷代谢微生物活动消耗了含水系统中的溶解氧，使得局部环境变为还原环境，Fe、Mn 矿物发生还原反应将表面吸附的 As 释放到沉积物中。这与 Sathe Sandip - S、Mohapatra Balaram 等[248-250] 的研究结果一致，但是和 Mohapatra Balaram 等研究结果不同的是钻孔 C2 并没有具备钻孔 C1 的特征。这是由于物种丰富度与土壤有机碳含量显著正相关[251]，而钻孔 C2 由于微生物丰度较钻孔 C1 高，则钻孔 C2 的有机碳含量高，微生物利用有机碳作为电子供体将 Fe、Mn 氧化物还原溶解生成 Fe^{2+}、Mn^{2+}，游离态的 Fe^{2+}、Mn^{2+} 被铁的氢氧化物重新吸附所致[252]。

9.5　沉积物中优势微生物多样性对砷迁移的影响

Proteobcatria、Actinobacteria 和 Chloroflexi 为优势菌门。Proteobcatria 含有大量的耐砷细菌，对砷的耐受力较强，Actinobacteria 能够促进动植物尸体的腐烂，其大量存在，表明沉积物中还原环境较为强烈，进而使砷从岩石表面溶解进入地下水中。Chloroflexi 是厌氧菌，能够通过氢气使有机化合物产生还原作用，使沉积物局部形成还原环境，进一步加快沉积物砷的释放。Arthrobacter、Acinetobacter、Pseudomonas 和 Hydrogenophaga 是沉积物中的优势菌属，在一定程度上影响着砷的迁移转化。Arthrobacter 通过吸附地下水中溶解态的砷与铁锰矿化物共存于沉积物中，使得沉积物中砷浓度升高；Acinetobacter 具有抗砷功能[251]，其中部分菌株能够还原或者氧化砷；Pseudomonas 中有砷还原菌和硝酸盐还原菌[252]，其还原土壤中硝酸盐的过程中，以 As(V) 为电子受体，生成固态的 Fe(Ⅲ) 氧化物，将砷固定在其氧化物表面。Hydrogenophaga 是砷氧化菌且具有较强的抗砷能力，随着沉积物中氧化环境的增强，其将 As(Ⅲ) 氧化，溶解态砷变为固相砷存在于沉积物中。可见沉积物中优势微生物对砷的迁移起重要作用。在中国内蒙古高砷流域的沉积物中的优势菌属为 Pseudomonas、Micrococcaceae、Massillia 和 Bacteroidales 等[253]，可见高砷系统沉积物中优势菌属的差异性和相似性共存。差异性是由于不同地区的地球化学条件不同，比如沉积物 pH 值[250]、取样深度、饱和度、化学参数以及氧化还原环境的不同等，都会对微生物群落结构产生影响。

9.6　沉积物理化性质对微生物群落结构的影响

沉积物理化性质对于微生物群落组成具有重要的影响。Ca 对微生物群落结构影响最大。可能是因为奎屯河流域南部的矿产资源 [$CaCO_3$、$CaMg(CO_3)_2$、CaF_2 等] 在地下水径流过程中发生沉淀—溶解过程，导致 Ca^{2+} 增加，其可以作为辅酶或激活酶的活性,影响微生物的生长代谢[254]。Mn 对微生物群落也有较大影响。这可能是随着铁/锰氧化矿物的溶解,吸附在矿物上的砷解吸附到沉积物中,抑制微生物的生长繁殖。

Deep(取样深度)与 Hydrogenophaga 显著正相关。沉积物深度越大,生存在沉积物中的微生物会消耗氧气,由于与地表的距离远,所以溶解氧无法进入深层沉积物,导致沉积物还原环境变强,Hydrogenophaga 为革兰氏阴性菌,在强还原环境下,通过反硝化作用产生 NO_3^-,促使吸附在矿物表面的砷通过解吸附进入地下水,沉积物砷对微生物生长的阻碍也会减小。Mn 与 Nocardioides 显著正相关,富含有机质的沉积物的岩性一般为细砂或者黏土,能够为 Nocardioides 提供能量,当其活动强烈时,铁/锰矿物等电子供体被还原,从而促使沉积物砷释放到地下水中,减小沉积物砷对微生物的抑制作用。由于 Pseudomonas 主要存在于低砷水中,所以 As 与 Pseudomonas 显著负相关。沉积物理化性质对微生物群落产生较大影响,微生物的活动改变沉积物的氧化还原环境,影响沉积物砷的释放,进而影响微生物群落。由此可见,微生物影响砷的迁移转化,砷影响微生物群落结构,二者相互作用共存于沉积物中。

与本研究区不同的是,内蒙古河套盆地的微生物群落与 As(Ⅲ)、Fe^{2+} 有关[253]。这是由于微生物群落处于高砷沉积物中,高砷沉积物中的微生物大多都携带有砷抗性基因,具有耐砷性,所以微生物群落结构与砷的关系较大;由于在该研究区发现有大量含有高浓度 As 的黄铁矿(FeS_2),可以为该区域的优势菌群 Thiobacillus 提供丰富的代谢底物 Fe 和 S,所以 Fe 通常作为微生物的代谢途径和重要驱动因子,影响着微生物的群落结构[255]。因此,原生高砷地下水系统沉积层微生物群落与沉积物地球化学过程之间的相互作用是理解高砷地下水系统沉积层微生物影响砷迁移转化的关键。

第10章 结论及展望

10.1 结论

本书总结了奎屯河流域高砷、高氟地下水的空间分布特征；地下水质量；水化学、沉积物等理化性质对高砷、高氟地下水迁移的影响；微生物群落结构及特征对高砷地下水迁移的影响。首次在典型的原生高砷区新疆奎屯河流域开展微生物群落结构对地下水砷迁移富集机理的研究。综合分析高砷、高氟地下水区砷、氟富集的主控因素。得到以下结论：

（1）研究区样品中砷的平均浓度为 $40.84\mu g/L$，其中最高可达 $887.00\mu g/L$，远超过中国《生活饮用水卫生标准》（GB 5749—2006）中的标准限值，砷含量超标的地下水中 F^- 含量也偏高，其含量范围为 $0.48\sim6.41mg/L$，平均值为 $1.20mg/L$。

（2）在水文地球化学方面，研究区高砷地下水的形成主要受水-岩作用的影响，菱铁矿的沉淀是受砷影响含水层中一个重要的水文地球化学过程。研究区属于干旱区，降雨量小且蒸发量大，地下水是当地水资源重要的组成部分。由于生活和农业需要，研究区开采了大量的地下水资源，使得区域地下水水位严重下降，导致该区水地下水的补给条件发生了变化，从而影响地下水中的溶滤、浓缩、阳离子交换等作用。在最高砷浓度的样品中，As 浓度与 Eh、pH 值不随地貌单元的变化而变化，而 As 和 NH_4^+-N 的浓度显著变化研究区域的还原环境和弱碱性环境对地下水中砷的富集有一定的影响，砷的迁移转换与富集因素与研究区的自然地理环境是密不可分的。研究区最高砷浓度样品中地下水的 As 浓度与 NH_4^+-N 浓度呈正相关。

（3）钻孔 C 中粉砂或黏土平均含量为 59.2%，细砂平均含量为 30.5%，中砂平均含量为 9.6%，粗砂平均含量为 0.7%，其中在地下 $0\sim21.5m$、$32\sim36m$、$42\sim48m$、$55\sim66m$、$77\sim84m$ 主要为粉砂或黏土层位；钻孔 D 中粉砂或黏土平均含量为 82.2%，细砂平均含量为 9.8%，中砂平均含量为 3.5%，粗砂平均含量为 4.5%，其中在地下 $0\sim25m$、$31\sim45m$ 主要为粉砂或黏土层位。钻孔 C 沉积物中 As 含量与 Fe、Mn、Cu、Mg、Ca 的含量均为正相关；钻孔 D 沉积物中 As 含量与 Fe、Mn、Cu 呈现负相关，沉积物中 As 含量与岩性关系密切。不同粒度的沉积物在砷迁移转化过程中所发挥的作用不同，在粒径小于16m 时，沉积物 As 含量与颗粒所占比例之间呈现显著正相关关系，16～20m 时，相关性次之，表明沉积物中 As 含量与粒径大小有紧密关系，沉积物的颗粒越小砷越富集；在沉积物颗粒粒径大于 20m 时，均呈现负相关，表明沉积物中 As 含量随着颗粒所占比例的增大而减少。钻孔 C、D 沉积物的水力传导系数与沉积物中 As 含量均呈现负相关，表明地下水的水动力条件对砷的富集有很大的影响，水力传导系数较小的含水层沉积物中 As 含量较高。

（4）从饮用和灌溉两个目的对研究区地下水水质进行了评价。评价结果为：潜水层 86％的水样不适合饮用，承压层 79％的水样不适合饮用。As 和 F^- 为主要影响因素，SO_4^{2-} 为次要影响因素。研究区水质由东南向西北逐渐恶化，劣质水主要集中在石桥乡和车排子镇附近，这是由地质条件和农业活动共同引起的。水质沿着奎屯河，由两岸向中间恶化，这可能是因为河道衬砌导致。研究区59％的水样适合灌溉，主要原因为 Ca^{2+}、Mg^{2+} 离子浓度超标，长期使用此类地下水灌溉会导致土壤渗透性降低，从而引发作物病变。

（5）研究区高砷地下水主要分布在乌伊公路以北埋深大于 80m 的深层含水水中，在水平方向，砷浓度从南向北逐渐升高，与地势成负相关。地下水中砷以 As（Ⅴ）为主，且潜水层中砷的毒性相对更高。奎屯河流域的古地理环境与周边山区含砷矿物质、岩石为地下水中的砷提供了物质来源，干旱的气候条件与从山前冲洪积倾斜砾质平原、冲洪积细土平原到冲湖积细土平原越来越封闭的水文地质条件，使地下水中砷浓度越往下游越高。随着深度增加，地下水流动性变差、还原环境和有机质含量的增加导致地下水砷含量随着采样深度的增加而增加。研究区地下水中砷含量异常高的原因是人为活动影响、地下水所处的还原性环境、碱性条件下砷的解吸附作用。在冲洪积平原上部农业活动区，含砷农药与化肥的使用会增加地下水中砷的含量；随着沉积物深度增加，粒径逐渐变小，颜色由亮变暗，还原环境逐渐增强，促使沉积物中含 As 铁锰矿化物发生溶解；地下水中 pH 值越高，吸附在沉积物颗粒表面的 As 很容易脱离结合位点，游离到地下水中，引起地下水中砷浓度升高。在弱还原环境与氧化环境中，沉积物中的砷难以释放，地下水径流快，地下水中砷不易聚集，且地下水中的 Fe^{2+} 与大量的硫化物产生黄铁矿沉淀，吸附释放到地下水中的砷，导致了地下水中砷含量异常低。研究区中部和北部沉积层中均存在一定含量的砷，沉积物中砷的含量为 8.36～21.01mg/kg。此外，相关性分析的结果显示沉积物中 As、Fe、Mn 之间有显著的相关性，铁/锰等氧化矿物可能是沉积物中砷的主要载体。同时，沉积物中砷的含量与相应地下水中砷的含量相关性分析的结果也表明，沉积物中吸附态砷是地下水中砷富集的重要来源。水文地球化学反向模拟进一步反映了水-岩过程中，铁氧化物的还原性溶解的过程中释放吸附其表面的砷元素使得地下水中砷的含量升高。同时在这个过程中还发生了脱硫酸作用降低了地下水中铁的含量。

（6）水平方向上，高氟地下水在整体上均有由南向北升高的趋势。垂直方向上，氟含量与井深均有显著的正相关关系，随井深增大氟含量呈现增加趋势；高氟地下水主要集中于 75～225m 井深范围内。石膏、萤石的风化溶解，是研究区地下水氟富集的根本因素。在研究区松散含水介质以及强烈的蒸发浓缩作用下，富钠、缺钙的弱碱性还原环境有利于氟的富集。同时，地下水中碳酸氢根的水解过程，以及对矿物表面附着的氟离子吸附的过程会使得地下水中氟含量的增加。地下水中 Ca^{2+} 置换出 Na^+ 的过程均会增大地下水中氟的离子含量。研究区蒸发强烈，地下水中氟含量较高时，铁锰氢氧化物不仅吸附 CuF_2、CaF_2、MgF_2 等沉淀，也吸附游离态的 F^- 和 MnF^+，FeF^{2+} 等金属-氟络合离子，使得沉积物表层积聚大量氟离子、氟化物。水文地球化学过程为地下水及沉积物中氟的释放提供了有力支撑。沉积物氟含量与地下水氟含量有显著相关性。矿物溶解-沉淀、离子吸附-解吸等过程使得相同深度处地下水氟含量随沉积物氟含量的增大呈现先增大后减小的趋势。研究区沉积物颗粒较为细腻的粉细砂、亚黏土区域更利于氟的富集。

（7）地下水样品中丰度靠前的门分别为 Proteobacteria、Actinobacteria、Bacteroidetes、Firmicutes、Chloroflexi 和 Cyanobacteria。丰度靠前的属分别是 Pseudomonas、Acinetobacter、Aquabacterium、Sphingomonas、Exiguobacterium、Hydrogenophaga。Pseudomonas 和 Nitrospirae 等主要分布在高砷地下水中；Acinetobacter 和 Sphingomonas 等主要分布在低砷地下水中。高砷地下水中存在大量的硝酸盐还原菌，它们的大量存在不仅对砷的生物地球化学循环起着重要的作用，而且也促进了高砷环境中还原条件的形成。细菌属的结构的差异对砷浓度影响较小，这可能是因为菌种在地下水环境中的生长还受到了其他因素的影响。

（8）沉积物粒径小且颜色较深的沉积层中 As 含量高。表明该沉积层水-岩作用时间长且有机质丰富，微生物活动将局部环境变为还原环境，使沉积物中 Fe、Mn 氧化物发生还原反应将表面吸附的 As 释放到地下水中。群落组成分析表明本研究区沉积物中微生物种类较丰富且群落结构差异较大，优势菌门为 Proteobacteria、Actinobacteria 和 Chloroflexi，优势菌属为 Arthrobacter、Acinetobacter、Pseudomonas 和 Hydrogenophaga，它们通过吸附或还原/氧化作用影响沉积物砷的迁移转化。VIF 分析表明微生物群落结构与沉积物理化性质有明显的关联。随着地下水流动方向，沉积物理化性质影响微生物的活动，进而改变沉积物的氧化还原环境，影响沉积物砷的释放，最终微生物群落会受到影响。在本研究区，首次提供了微生物群落结构特征影响沉积物砷迁移转化的证据，并检测到 Arthrobacter 和 Acinetobacter 等微生物，这对奎屯河流域高砷地下水系统砷富集有重要作用。

10.2　展望

（1）本书中，存在部分不足之处。潜水层样本数量过少，导致无法对潜水层单独分析，同时限制了统计分析技术的应用及对高砷高氟地下空间水分布影响因素的分析。

（2）未检测碱度指标，导致在地下水质量评价时无法对研究区的暂时硬度进行讨论。采用的 As 检测技术检出限为 0.01，导致其检出率不高，限制了 As 在 WQI 指数法中的应用。由于地下水在饮用前会经过严格的处理，而在灌溉时是未经处理的，因此，在后期研究中，应当加强以灌溉为目的的水质评价。在采集水样时，根据当地灌溉制度，挑选有代表性的时段进行采集，可以对灌溉前和灌溉后的水质进行对比研究。

（3）本书仅涉及沉积物中的微生物对砷的影响，建议开展研究区砷在沉积物和地下水间迁移转化的规律研究。同时，本书没有对沉积物进行分类，建议后续开展不同砷浓度沉积物中微生物的相关研究，为进一步探索高砷地下水的成因提供理论依据。

（4）本书作者团队围绕高砷地下水的形成机理已在本研究区开展了水文地球化学、微生物等方面的较为系统的研究，下一步将继续针对该区土壤微塑料及微生物、植被、地表水等相关环境要素与地下水砷分布及迁移富集的相关关系进行更深入的研究。

参 考 文 献

［ 1 ］ PODGORSKI J, BERG M. Global threat of arsenic in groundwater ［J］. Science（New York），2020，368（6493）：845－850.

［ 2 ］ SARKAR A，PAUL B. Synthesis characterization of iron－doped TiO_2（B）nanoribbons for the adsorption of As（Ⅲ）from drinking water and evaluating the performance from the perspective of physical chemistry ［J］. Journal of Molecular Liquids.

［ 3 ］ ARPAN S，AYAN S，BISWAJIT P，et al. Designing of Functionalized MWCNTs/ Anodized Stainless Steel Heterostructure Electrode for Anodic Oxidation of Low Concentration As（Ⅲ）in Drinking Water ［J］. ChemistrySelect，2019，4（32）： 9367－9375.

［ 4 ］ JUDIT E S，REGINA M K，EVANA A，et al. Food as medicine：Selenium enriched lentils offer relief against chronic arsenic poisoning in Bangladesh ［J］. Environmental Research，2019，176：108561.

［ 5 ］ 沈雁峰，孙殿军，赵新华，等. 中国饮水型地方性砷中毒病区和高砷区水砷筛查报告 ［J］. 中国地方病学杂志，2005，24（2）：172－175.

［ 6 ］ 中国国家标准化管理委员会. 地下水质量标准：GB/T 14848—2017 ［S］. 北京：中国 标准出版社，2017.

［ 7 ］ WORLD H O. Guidelines for Drinking－water Quality，third edition ［M］. Geneva， 2004，1：491.

［ 8 ］ BULKA C M，SCANNELL B M，LOMBARD M A，et al. Arsenic in private well water and birth outcomes in the United States ［J］. Environment International，2022， 163：107176.

［ 9 ］ 张迪. 原位高砷地下水环境下铁氧化物矿物吸附态砷的释放特征及机理 ［D］. 北京： 中国地质大学，2018.

［10］ JIN Y，LIANG C，HE G，et al. Study on distribution of endemic arsenism in China ［J］. Journal of Hygiene Research，2003，32（6）：519.

［11］ 段萌语，李俊霞，谢先军，等. 大同盆地典型小区域高砷地下水化学与同位素特征分 析 ［J］. 安全与环境工程，2013，（6）：5－9，15.

［12］ 郭华明，郭琦，贾永锋，等. 中国不同区域高砷地下水化学特征及形成过程 ［J］. 地 球科学与环境学报，2013，35（3）：83－96.

［13］ 高存荣，刘文波，冯翠娥，等. 干旱、半干旱地区高砷地下水形成机理研究：以中国 内蒙古河套平原为例 ［J］. 地学前缘，2014，21（4）：13－29.

［14］ 王连方，刘鸿德，徐训风，等. 新疆奎屯垦区慢性地方性砷中毒调查报告 ［J］. 中国 地方病学杂志，1983，2（2）：1－3.

［15］ 罗艳丽，蒋平安，余艳华，等. 土壤及地下水砷污染现状调查与评价：以新疆奎屯一

二三团为例 [J]. 干旱区地理，2006，29（5）：705 - 709.

［16］ 李晶. 砷在新疆奎屯地下水中的分布及其在农田土壤中的迁移 [D]. 乌鲁木齐：新疆农业大学，2016.

［17］ 郝阳，孙殿军，魏红联，等. 中国大陆地方性氟中毒防治动态与现状分析 [J]. 中华地方病学杂志，2002（1）：63 - 68.

［18］ MEENAKSHI G V K，KAVITAL R M A. Groundwater quality in some villages of Haryana，India：Focus on fluoride and fluorosis [J]. Journal of Hazardous Materials，2004，106（1）：55 - 56.

［19］ 中华人民共和国卫生部，中国国家标准化管理委员会. 生活饮用水卫生标准：GB 5749—2006 [S]. 北京：中国标准出版社，2006.

［20］ 周旭莉. 奎屯河流域高氟水的分布特征及饮水安全对策分析 [J]. 吉林农业，2015（10）：125 - 126.

［21］ 戴志鹏，罗艳丽，王翔. 新疆奎屯河流域高砷、高氟地下水的分布特征 [J]. 环境保护科学，2019，45（4）：81 - 86.

［22］ 李巧，周金龙，赵玉杰. 新疆主要城市地下水水质现状及讨论 [J]. 新疆农业大学学报，2011（2）：178 - 180.

［23］ ZHOU J L，LI Q，GUO Y C，et al. VLDA model and its application in assessing phreatic groundwater vulnerability：A case study of phreatic groundwater in the plain area of Yanji County，Xinjiang，China [J]. Environmental Earth Sciences，2012，67（6），1789 - 1799.

［24］ 李巧，周殿竹，周金龙，等. 新疆车排子镇高砷地下水调查成果初报 [J]. 地质论评，2013，59（增刊）：1071 - 1072.

［25］ 张晨，凌冰，刘继文，等. 新疆地方性氟砷中毒地区改水后居民免疫水平的观察[J]. 地方病通报，1998，13（4）：26 - 28.

［26］ 杨海东，孟祥萍，方娟，等. 2007 年新疆奎屯垦区部分饮用水源水砷含量调查 [J]. 预防医学论坛，2008，14（9）：823 - 825.

［27］ SPRENGER C，LORENZEN G. Hydrogeochemistry of Urban Floodplain Aquifer Under the Influence of Contaminated River Seepage in Delhi（India）[J]. Aquatic geochemistry，2014，20（5）：519 - 543.

［28］ MAYORGA P，MOYANO A，HOSSAIN M A，et al. Temporal variation of arsenic and nitrate content in groundwater of the Duero River Basin（Spain）[J]. Physics and Chemistry of the Earth，2013（58 - 60）：22 - 27.

［29］ 郭华明，杨素珍，沈照理. 富砷地下水研究进展 [J]. 地球科学进展，2007，22（11）：1109 - 1117.

［30］ 谢先军，王焰新，李俊霞，等. 大同盆地高砷地下水稀土元素特征及其指示意义[J]. 地球科学（中国地质大学学报），2012，37（2）：381 - 190.

［31］ 甘义群，王焰新，段艳华，等. 江汉平原高砷地下水监测场砷的动态变化特征分析 [J]. 地学前缘，2014，21（4）：37 - 49.

［32］ HAO H S，STANFORTH R. Competitive adsorption of phosphate and arsenate on goethite [J]. Environ Sci Technol，2001，35（24）：4753 - 4757.

［33］ ACHARYYA S K，CHAKRABORTY P，LAHIRI S，et al. Arsenic poisoning in the

Ganges delta [J]. Nature, 1999, 401 (6753): 545 - 545.

[34] TUFANO K J, REYES C, SALTIKOV C W, et al. Reductive processes controlling arsenic retention: revealing the relative importance of ironand arsenic reduction [J]. Environ Sci Technol, 2008, 42 (22): 8283 - 8289.

[35] ISLAM F S, GAULT A G, BOOTHMAN C, et al. Role of metal - reducing bacteria in arsenic release from Bengal delta sediments [J]. Nature, 2004, 430 (6995): 68 - 71.

[36] SU C, WANG Y, XIE X, et al. An isotope hydrochemical approach to understand fluoride release into groundwaters of the Datong Basin, Northern China [J]. Environmental Science: Processes & Impacts, 2015, 17 (4): 791 - 801.

[37] KUMAR M, D N, GOSWAMI R, et al. Coupling fractionation and batch desorption to understand arsenic and fluoride co - contamination in the aquifer system [J]. Chemosphere, 2016, 164: 657 - 667.

[38] 邢丽娜, 郭华明, 魏亮, 等. 华北平原浅层含氟地下水演化特点及成因 [J]. 地球科学与环境学报, 2012, 34 (4): 57 - 67.

[39] 李予红, 宋晓光, 胡斌, 等. 张家口坝上地区高氟地下水分布与成因分析 [J]. 北京师范大学学报 (自然科学版), 2021, 57 (6): 745 - 755.

[40] GUO Q, WANG Y, MA T, et al. Geochemical processes controlling the elevated fluoride concentrations in groundwaters of the Taiyuan Basin, Northern China [J]. Journal of Geochemical Exploration, 2007, 93 (1): 1 - 12.

[41] 毛若愚, 郭华明, 贾永锋, 等. 内蒙古河套盆地含氟地下水分布特点及成因 [J]. 地学前缘, 2016, 23 (2): 260 - 268.

[42] 张卓, 柳富田, 陈社明, 等. 滦河三角洲高氟地下水分布特征、形成机理及其开发利用建议 [J/OL]. 中国地质: 1 - 25 [2022 - 07 - 17]. http://kns.cnki.net/kcms/detail/11.1167. P. 20210714.1640.002. html.

[43] WANG Z, GUO H M, XING S P, et al. Hydrogeochemical and geothermal controls on the formation of high fluoride groundwater [J]. Journal of Hydrology, 2021, 598.

[44] 苏珊. 大同盆地地下水环境中微生物的多样性及抗砷基因对环境的响应 [D]. 武汉: 中国地质大学, 2013.

[45] 王洪媛, 盖霞普, 翟丽梅, 等. 生物炭对土壤氮循环的影响研究进展 [J]. 生态学报, 2016, 36 (19): 5998 - 6011.

[46] 李媛. 内蒙古河套盆地高砷含水系统的微生物特征及生物地球化学效应 [D]. 北京: 中国地质大学, 2016.

[47] RAVENSCROFT P, BRAMMER H, RICHARDS K. Arsenic Pollution: A Global Synthesis [M]. Oxford: Wiley - Blackwell, 2009.

[48] DAVID J, VAUGHAN. Arsenic [J]. Element, 2006 (2): 71 - 75.

[49] 郭华明, 倪萍, 贾永锋, 等. 原生高砷地下水的类型、化学特征及成因 [J]. 地学前缘, 2014, 21 (4): 1 - 12.

[50] CAO W, GUO H, ZHANG Y, et al. Controls of paleochannels on groundwater arsenic distribution in shallow aquifers of alluvial plain in the Hetao Basin, China [J]. Science of the Total Environment, 2018, 613 - 614: 958 - 968.

［51］ 孙丹阳，朱东波. 中国西北地区高砷地下水赋存环境对比及其成因分析［J］. 资源环境与工程，2019，33（3）：386 - 391.

［52］ VAN G A，AZIZ Z，HORNEMAN A，et al. Preliminary evidence of a link between surface soil properties and the arsenic content of shallow groundwater in Bangladesh ［J］. Journal of Geochemical Exploration：Journal of the Association of Exploration Geochemists，2006，88（1/3）：157 - 161.

［53］ 张恒星. 呼和浩特盆地浅层地下水砷含量分布规律研究［J］. 绿色科技，2018（8）：47 - 48，51.

［54］ 汤洁，卞建民，李昭阳，等. 吉林省饮水型砷中毒区地下水砷的分布规律与成因研究［J］. 地学前缘，2014，21（4）：30 - 36.

［55］ POLYA D A，GAULT A G，DIEBE N. Arsenic hazard in shallow Cambodian groundwaters ［J］. Mineralogical Magazine，2005，69（5）：807 - 823.

［56］ BUSCHMANN J，BERG M，STENGEL C，et al. Arsenic and manganese contamination of drinking water resources in Cambodia：Coincidence of risk areas with low relief topography ［J］. Environmental Science Technology，2007，41（7）：2146 - 2152.

［57］ GUO H M，LI Y，ZHAO K，et al. Removal of arsenite from water by synthetic siderite：Behaviors and mechanisms ［J］. Journal of Hazardous Materials，2011，186（2 - 3）：1847 - 1854.

［58］ STUTE M，ZHENG Y，SCHLOSSER P，et al. Hydrological control of As concentrations in Bangladesh groundwater ［J］. Water Resources Research，2007，43（9）：2363 - 2367.

［59］ 陈心池，张利平，陈少丹，等. SRM 融雪径流模型在奎屯河流域洪水预报的应用［J］. 南水北调与水利科技，2018，16（1）：50 - 56.

［60］ 史晓珑. 呼包坳陷东部地下水类型及高氟水分布成因研究［D］. 呼和浩特：内蒙古大学，2013.

［61］ 陈志军. 陕西省大荔县高氟地下水成因研究［D］. 西安：长安大学，2020.

［62］ CAI H，GUO C L，ZHANG G M，et al. Fluorine in soil and groundwater of Songnen Plain，northeast China ［J］. Agricultural Science & Technology，2013，14（2）：376 - 383.

［63］ CHEN Q，WEI J，WANG H，et al. Discussion on the Fluorosis in Seawater - Intrusion Areas Along Coastal Zones in Laizhou Bay and Other Parts of China ［J］. International Journal of Environmental Research，2019，13（2）：435 - 442.

［64］ 孙一博，王文科，张春潮，等. 关中盆地浅层高氟水形成演化机制 ［J］. 水文地质工程地质，2013，40（6）：117 - 122.

［65］ 李成城. 运城盆地高氟地下咸水成因机制研究 ［D］. 武汉：中国地质大学，2018.

［66］ LI J X，WANG Y X，XIE X J. Cl/Br ratios and chlorine isotope evidences for groundwater salinization and its impact on groundwater arsenic，fluoride and iodine enrichment in the Datong basin，China ［J］. Science of the Total Environment，2016，544：158 - 167.

［67］ 魏少妮，朱永峰，安芳. 新疆西准噶尔包古图中酸性岩体氟地球化学研究［J］. 地学前缘，2017，24（6）：68 - 79.

［68］ HONG X P，LIANG H D，ZHANG Y F. Evaluation of acidity in late Permian outcrop coals and its association with endemic fluorosis in the border area of Yunnan，Guizhou，and Sichuan in China ［J］. Environmental Geochemistry and Health，2018，40（3）：1093 - 1109.

［69］ LÜ J，QIU H Y，LIN H B，et al. Source apportionment of fluorine pollution in regional shallow groundwater at You'xi County southeast China ［J］. Chemosphere，2016，158：50 - 55.

［70］ 韩文彬，张文育，黄文明. 浙江中部中生代火山岩和其他地层氟丰度与成矿关系的探讨 ［J］. 地质地球化学，1989（3）：70 - 75.

［71］ 李英，吴平，张勃，等. 灵武市北部高氟地下水的分布特征及影响因素 ［J］. 环境化学，2020，39（9）：2520 - 2528.

［72］ 杨振宁. 鲁北高氟地下水形成的水化学及水循环演化作用分析 ［D］. 北京：中国地质大学，2016.

［73］ 孟春霞，王成见，马振宇，等. 平度市高氟地下水的季节变化及成因分析 ［J］. 环境科学与技术，2018，41（S1）：197 - 202.

［74］ 胡婧敏. 松嫩平原地方病严重区地下水氟的赋存特征及水质安全评价 ［D］. 长春：吉林大学，2016.

［75］ 刘春华，王威，杨丽芝，等. 山东省地下水氟富集规律及其驱动机制 ［J］. 地质学报，2021，95（6）：1962 - 1972.

［76］ 宋晓光，芦岩，梁仕凯，等. 张家口坝下地区高氟地下水成因分析与健康风险评价 ［J］. 地质科技通报，2022，41（1）：240 - 250，259.

［77］ SIBELE E，RAPHAEL H，ANNABEL P A. Experimental fluorine liberation from Precambr - ian granites and Carboniferous - Permian sedimentary rocks associated with crystalline and sedimentary a - quifers，Paraná Basin，southeastern Brazil ［J］. Geochemical Journal，2016，50（5）：379 - 392.

［78］ 毛宏涛. 沧州深层高氟地下水氟分布及演化规律研究 ［D］. 阜新：辽宁工程技术大学，2015.

［79］ ZOU HAO，LI M，SANTOSH M，et al. Fault - controlled carbonate - hosted barite - fluorite mineral systems：The Shuanghe deposit，Yangtze Block，South China ［J］. Gondwana Research，2021，101：26 - 43.

［80］ 孔晓乐，王仕琴，赵焕，等. 华北低平原区地下水中氟分布特征及形成原因：以南皮县为例 ［J］. 环境科学，2015，36（11）：4051 - 4059.

［81］ 秦鹏，罗梅. 潍北平原高氟地下水的分布及成因分析 ［J］. 山东国土资源，2012，28（10）：29 - 31.

［82］ 王敬华，赵伦山，吴悦斌. 山西山阴、应县一带砷中毒区砷的环境地球化学研究 ［J］. 现代地质，1998，12（2）：243 - 248.

［83］ 韩双宝. 银川平原高砷地下水时空分布特征与形成机理 ［D］. 北京：中国地质大学，2013.

［84］ 孙丹阳，朱东波. 中国西北地区高砷地下水赋存环境对比及其成因分析 ［J］. 资源环境与工程，2019，33（3）：386 - 391.

［85］ 沈萌萌. 典型干旱-半干旱盆地含水层沉积物砷释放特征及地下水富砷意义 ［D］. 北

京：中国地质大学，2019.

［86］ SMEDLEY P L, KINNIBURGH D G. A review of the source behaviour and distribution of arsenic in natural waters ［J］. Applied Geochemistry, 2002, 17 (5)：517 - 568.

［87］ 王焰新，苏春利，谢先军，等. 大同盆地地下水砷异常及其成因研究 ［J］. 中国地质，2010, 37 (3)：771 - 780.

［88］ 刘振中，邓慧萍，詹健，等. 改性活性炭除亚砷酸盐的性能研究 ［J］. 环境科学，2009, 30 (3)：780 - 786.

［89］ WANG Y, LIU X H, SI Y B, et al. Release and transformation of arsenic from As - bearing iron minerals by Fe - reducing bacteria ［J］. Chemical Engineering Journal, 2016, 295：29 - 38.

［90］ APPELO C A, POSTMA D. Geochemistry, Groundwater and Pollution ［M］. Leiden：Balkema Publishers, 1996.

［91］ CHOWDHURY T, BASU G K, MANDAL B K, et al. Comment on Nickson et al. 1998, Arsenic poisoning of Bangladesh groundwater ［J］. Nature, 1999, 401：545 - 546.

［92］ 贾永锋，郭华明. 高砷地下水研究的热点及发展趋势 ［J］. 地球科学进展，2013, 28 (1)：51 - 61.

［93］ 王寅. 砷在铁氧化物表面吸附转化及砷微生物再释放机制研究 ［D］. 合肥：安徽农业大学，2015.

［94］ APPELO C A J, VAN D W M J J, TOURNASSAT C, et al. Surface Complexation of Ferrous Iron and Carbonate on Ferrihydrite and the Mobilization of Arsenic ［J］. Environmental Science & Technology, 2002, 36 (14)：3096 - 3103.

［95］ GUO H M, TANG X H, YANG S Z. Effect of indigenous bacteria on geochemical behavior of arsenic in aquifer sediments from the Hetao Basin, Inner Mongolia：Evidence from sediment incubation ［J］. Applied Geochemistry, 2008, 23：3267 - 3277.

［96］ 余倩，谢先军，马瑞，等. 地下水系统中砷迁移富集过程的水文地球化学模拟 ［J］. 地质科技情报，2013, 32 (6)：116 - 122.

［97］ DAVID J. Thomas Managing Arsenic in the Environment：From Soil to Human Health (Eds R. N, Smith E, Owens G, Bhattacharya P, Nadebaum P) ［J］. Environmental Chemistry, 2006, 3 (4)：316 - 316.

［98］ 贾永锋，郭华明. 高砷地下水研究的热点及发展趋势 ［J］. 地球科学进展，2013, 28 (1)：51 - 61.

［99］ 王焰新，郭华明，阎世龙，等. 浅层孔隙地下水系统环境演化及污染敏感性研究 ［M］. 北京：科学出版社，2004：53 - 80.

［100］ POSTMA D, TRANG P T K, SO H U, et al. A model for the evolution in water chemistry of an arsenic contaminated aquifer over the last 6000 years, Red River floodplain, Vietnam ［J］. Geochimica Et Cosmochimica Acta, 2016, 195 (1)：277 - 292.

［101］ VERMA S, MUKHERJEE A, MAHANTA C, et al. Influence of geology on groundwater - sediment interactions in arsenic enriched tectono - morphic aquifers of the Himalayan Brahmaputra river basin ［J］. Journal of Hydrology, 2016, 540：176 - 195.

[102] MUKHERJEE A, FRYAR A E, THOMAS W A. Geologic geomorphic and hydrologic framework and evolution of the Bengal basin, India and Bangladesh [J]. Journal of Asian Earth Sciences, 2009, 34 (3): 227 - 244.

[103] XIE X, WANG Y, ELLIS A, et al. The sources of geogenic arsenic in aquifers at Datong basin, northern China: Constraints from isotopic and geochemical data [J]. Journal of Geochemical Exploration, 2011, 110 (2): 155 - 166.

[104] GUO H, JIA Y, WANTY R B, et al. Contrasting distributions of groundwater arsenic and uranium in the western Hetao basin, Inner Mongolia: Implication for origins and fate controls [J]. Science of the Total Environment, 2016, 541 (1): 1172 - 1190.

[105] ZHANG Z, XIAO C, ADEYEYE O, et al. Source and Mobilization Mechanism of Iron, Manganese and Arsenic in Groundwater of Shuangliao City, Northeast China [J]. Water, 2020, 12 (2): 1 - 17.

[106] MCARTHUR J M, BANERJEE D M, HUDSON - EDWARDS K A, et al. Natural organic matter in sedimentary basins and its relation to arsenic in anoxic ground water: the example of West Bengal and its worldwide implications [J]. Applied Geochemistry, 2004, 19 (8): 1255 - 1293.

[107] CHAKRABORTI D, RAHMAN M M, MURRILL M, et al. Environmental arsenic contamination and its health effects in a historic gold mining area of the Mangalur greenstone belt of Northeastern Karnataka, India [J]. Journal of Hazardous Materials, 2013, 262 (8): 1048 - 1055.

[108] 邬建勋, 余倩, 蒋庆肯, 等. 江汉平原高砷地下水与含水层沉积物的地球化学特征 [J]. 地质科技情报, 2019, 38 (1): 250 - 257.

[109] STUCKEY J W, SCHAEFER M V, KOCAR B D, et al. Peat formation concentrates arsenic within sediment deposits of the Mekong Delta [J]. Geochimica et Cosmochimica Acta, 2015, 149 (1): 190 - 205.

[110] DENG Y, WANG Y, TENG M, et al. Arsenic associations in sediments from shallow aquifers of northwestern Hetao Basin, Inner Mongolia [J]. Environmental Earth Sciences, 2011, 64 (8): 2001 - 2011.

[111] 李晓峰. 河套盆地山前平原沉积物地球化学特征及其对地下水砷的控制意义 [D]. 北京: 中国地质大学, 2018: 23 - 35.

[112] 曹永生, 郭华明, 倪萍, 等. 沉积物地球化学特征和土地利用方式对地下水砷行为的影响 [J]. 地学前缘, 2017, 24 (2): 274 - 285.

[113] 翁海成. 基于氮氧同位素的高砷地下水氮来源、转化及富砷意义 [D]. 北京: 中国地质大学, 2019.

[114] HALIMA M A, MAJUMDER R K, NESSAA S A. Hydrogeochemistry and arsenic contamination of groundwater in the Ganges Delta Plain, Bangladesh [J]. Journal of Hazardous Materials, 2009, 164: 1335 - 1345.

[115] 李巧, 周金龙, 曾妍妍. 奎屯河及玛纳斯河流域平原区地下水中氮素对砷富集迁移的影响 [J]. 环境化学, 2017, 36 (10): 2227 - 2234.

[116] 陈建平, 丁际豫, 吴子杰. 氮肥对地下水中氮迁移机理研究 [J]. 长江科学院院报, 2017, 32 (2): 24 - 29.

[117] 任娟. 浅层地下水氮污染对氮代谢微生物影响及其生化修复研究 [D]. 杭州：浙江大学，2016.

[118] LIU C W, WU M Z. Geochemical mineralogical and statistical characteristics of arsenic in groundwater of the Lanyang Plain, Taiwan [J]. Journal of Hydrology, 2019 (577)：1 – 16.

[119] RICHARD L S, DOUGLAS B K, DEBORAH A R, et al. Anoxic nitrate reduction coupled with iron oxidation and attenuation of dissolved arsenic and phosphate in a sand and gravel aquifer [J]. Geochimica et Cosmochimica Acta, 2017 (196)：102 – 120.

[120] GOMEZ L, CANIZO B, LANA B, et al. Hydrochemical processes, variability and natural background levels of Arsenic in groundwater of northeastern Mendoza, Argentina [J]. Journal of Iberian Geology, 2019, 45 (3)：365 – 382.

[121] CHRISTINE A P, DARREN A C, JSDE H T, et al. Evidence of microbially mediated arsenic mobilization from sediments of the Aquiaaquifer, Maryland, USA [J]. Applied Geochemistry, 2011, 26 (4)：575 – 586.

[122] 唐小惠，郭华明，刘菲. 富砷水环境中微生物及其环境效应的研究现状 [J]. 水文地质工程地质，2008 (3)：104 – 107.

[123] JONATHAN R. LLOYD. Microbial reduction of metals and radionuclides [J]. FEMS Microbiology Reviews, 2003, 27 (2)：411 – 425.

[124] 谢芸芸，陈天虎，周跃飞，等. 微生物铁氧化物交互作用对黄土中砷活化迁移的影响 [J]. 环境科学，2013, 34 (10)：3940 – 3946.

[125] 李政红，张翠云，张胜，等. 地下水微生物学研究进展综述 [J]. 南水北调与水利科技，2007, 5 (5)：60 – 63.

[126] 张俊文，马腾，冯亮，等. 微生物介导下高砷地下水系统的氧化还原分带性概念模型 [J]. 地质科技情报，2015, 34 (5)：153 – 160.

[127] CHAPELLE F H, BRADLEY P M, LOVLEY D R, et al. Rapid evolution of redox process in a petroleum hydrocarbon – contaminated aquifer [J]. Groundwater, 2003, 40 (4)：353 – 360.

[128] 郭盾. 高耐砷菌株的筛选及其除砷性能初步研究 [D]. 昆明：云南大学，2015.

[129] PAEZ E D, TAMAMES J, LORENZO V, et al. Microbial response to environmental areenic [J]. Biometals, 2009, 22 (1)：117 – 130.

[130] 谢作明，罗艳，王焰新，等. 土著细菌对江汉平原浅层含水层沉积物中砷迁移的影响 [J]. 生态毒理学报，2013, 8 (2)：201 – 206.

[131] 薛银刚，刘菲，周璐璐，等. 基于高通量测序的工业园区地下水和土壤细菌群落结构比较研究 [J]. 生态毒理学报，2017, 12 (6)：107 – 115.

[132] FAN L M, BARRY K, HU G D, et al. Bacterioplankton community analysis in tilapia ponds by Illumina high – throughput sequencing [J]. World Journal of Microbiology & Biotechnology, 2016, 32 (1)：1 – 11.

[133] ARROYO P, MIERA L E S, ANSOLA G. Influence of environmental variables on the structure and composition of soil bacterial communities in natural and constructed wetlands [J]. Science of the Total Environ – ment, 2015, 506：380 – 390.

[134] 李美璇. 根系分泌物对砷污染土壤中砷酸还原菌存活效应的影响 [D]. 长春：吉林大

学，2018.

[135] YU C，HU X M，DENG W，et al. Response of bacteria community to long－term inorganic nitrogen application in mulberry field soil [J]. PLOS One, 2016, 11 (12): 152－168.

[136] 罗艳，谢作明，周义芳，等 . 16S rDNA 克隆文库解析江汉平原高砷地下水系统中的细菌多样性 [J]. 生态毒理学报，2013，8 (2)：194－200.

[137] CHRISTOPHER R P，GUPTA V V S R，YU J L，et al. Size Matters: Assessing Optimum Soil Sample Size for Fungal and Bacterial Community Structure Analyses Using High Throughput Sequencing of rRNA Gene Amplicons [J]. Frontiers in Microbiology, 2016, 7: 824.

[138] 邓铭江 . 新疆十大水生态环境保护目标及其对策探析 [J]. 干旱区地理，2014，37 (5)：865－874.

[139] 蔡新斌，吴俊侠 . 甘家湖自然保护区白梭梭种群特征与动态分析 [J]. 干旱区资源与环境，2016，30 (7)：90－94.

[140] 王艳，乔长录，张和平 . 气候变化下奎屯河流域径流特征分析 [J]. 水利水电技术，2020，51 (2)：60－68.

[141] 罗艳，谢作明，周义芳，等 . 16S rDNA 克隆文库解析江汉平原高砷地下水系统中的细菌多样性 [J]. 生态毒理学报，2013，8 (2)：194－200.

[142] 邓铭江，李湘权，郑永良，等 . 奎屯河流域"金三角"地区工业及城镇化发展未来的水资源配置分析 [J]. 干旱区地理，2012，35 (4)：527－536.

[143] 辛俊 . 简析新疆乌苏市地下水资源 [J]. 大科技，2010 (1)：54－55.

[144] 陈朕，梁成华，杜立宇，等 . 不同粒级土壤团聚体对砷（V）的吸附与解吸影响研究 [J]. 西南农业学报，2013，26 (3)：1100－1104

[145] 尤平达 . 新疆维吾尔自治区乌苏市地下水资源开发利用规划报告 [R]. 乌鲁木齐：新疆水文水资源局，1998：10－19.

[146] 南峰，李有利，邱祝礼 . 新疆奎屯河流域山前河流地貌特征及演化 [J]. 水土保持研究，2005，12 (4)：10－13.

[147] 高宇阳，杨鹏年，阚建，等 . 人类活动影响下乌苏市地下水埋深演化趋势 [J]. 灌溉排水学报，2019，38 (10)：90－96.

[148] 沈蕊芯，吕树萍，杜明亮，等 . 新疆奎屯河流域平原区地下水资源量演变情势 [J]. 干旱区研究，2020，37 (4)：839－846.

[149] 母敏霞，王文科，杜东，等 . 新疆奎屯河流域地下水资源开发引起的生态环境问题及对策 [J]. 干旱区资源与环境，2007 (12)：15－20.

[150] 王建刚 . 新疆乌苏市地下水的补给、径流和排泄条件与动态特征 [J]. 地下水，2014，36 (5)：32－33.

[151] 李勇，高旭波，张鑫，等 . 运城盆地高砷区地下水-沉积物中砷的地球化学特征研究 [J]. 安全与环境工程，2017，24 (5)：68－74.

[152] LI M Q，LIANG X J，XIAO C L，et al. Hydrochemical evolution of groundwater in a typical semi－arid groundwater storage basin using a zoning model [J]. Water, 2019, 11 (7): 1334.

[153] 袁翰卿，李巧，陶洪飞，等 . 新疆奎屯河流域地下水砷富集因素 [J]. 环境化学，

2020，39（2）：524－530.

[154] 黄霄，雷晓云，高凡，等. 基于流域健康评价视角的新疆奎屯河流域分区［J］. 水电能源科学，2019，37（7）：18－21.

[155] 罗艳丽，李晶，蒋平安，等. 新疆奎屯原生高砷地下水的分布、类型及成因分析［J］. 环境科学学报，2017，37（8）：2897－2903.

[156] 余艳华，蒋平安，罗艳丽，等. 新疆奎屯垦区土壤砷污染现状评价［J］. 土壤通报，2008，39（6）：1445－1448.

[157] ZHU Y G，YOSHINAGA M，ZHAO F J，et al. Earth Abides Arsenic Biotransformations［J］. Annual Review of Earth and Planetary Sciences，2014，42（1）：443－467.

[158] 袁雪花，苏玉红. 奎屯高砷地下水灌溉区居民头发和指甲中砷含量研究［J］. 安全与环境学报，2017，17（4）：1519－1523.

[159] TANG J，BIAN J，LI Z，et al. Comparative study on the hydrogeochemical environment at the major drinking water based arsenism areas［J］. Applied Geochemistry，2017，77：62－67.

[160] 高俊海，马迎群，秦延文，等. 大伙房水库水体及沉积物砷总量及形态分布特征［J］. 环境科学学报，2013，33（9）：2573－2578.

[161] ZHANG L P，XIE X J，LI J X，et al. Hydrochemical and geochemical investigations on high arsenic groundwater from Datong Basin，Northern China［J］. Asian Journal of Ecotoxicology，2013，8（2）：215－221.

[162] GAO S，ZHU R. Summary Study on the Development of Water Assessment［J］. IOP Conference Series：Earth and Environmental Science，2018，178（1）：1－5.

[163] ZHANG Q，YU R H，JIN Y，et al. Temporal and Spatial Variation Trends in Water Quality Based on the WPI Index in the Shallow Lake of an Arid Area：A Case Study of Lake Ulansuhai，China［J］. Water，2019，11（7）：1－20.

[164] SEYED M H M，KUMARS E，ALI A. Groundwater quality assessment with respect to fuzzy water quality index（FWQI）：an application of expert systems in environmental monitoring［J］. Environmental Earth Sciences，2015，74（10）：1－10.

[165] MOHAMMAD T S，SHAHRAM S，ALIREZA R，et al. Survey of water quality in Moradbeik river basis on WQI index by GIS［J］. Environmental Health Engineering and Management，2015，2（1）：7－11.

[166] MOBAROK H，PULAK K P. Water pollution index－A new integrated approach to rank water quality［J］. Ecological Indicators，2020，117：1－9.

[167] TIAN Y L，JIANG Y，LIU Q，et al. Using a water quality index to assess the water quality of the upper and middle streams of the Luanhe River，northern China［J］. Science of the Total Environment，2019，667：142－151.

[168] ROSYE H R T，MARCELINO N Y，SUWITO S，et al. Analysis of Surface Water Quality of Four Rivers in Jayapura Regency，Indonesia：CCME－WQI Approach［J］. Journal of Ecological Engineering，2022，23（1）：73－82.

[169] MOHD S U H，ABHISHEK K R. Groundwater quality assessment in the Lower Ganga Basin using entropy information theory and GIS［J］. Journal of Cleaner Production，2020，274：1－20.

[170] HUI Y P, JOON C, MOU L T, et al. A framework for assessing the adequacy of Water Quality Index – Quantifying parameter sensitivity and uncertainties in missing values distribution [J]. Science of the Total Environment, 2021, 751: 1 – 22.

[171] CLAUDIA A R T, RUTH A C V, RAÚL C M, et al. Hydrogeochemical Characteristics and Assessment of Drinking Water Quality in the Urban Area of Zamora, Mexico [J]. Water, 2020, 12 (2): 1 – 26.

[172] ISLAM A R M T, AHMED N, BODRUD D M, et al. Characterizing groundwater quality ranks for drinking purposes in Sylhet district Bangladesh using entropy method spatial autocorrelation index and geostatistics [J]. Environmental Science and Pollution Research International, 2017, 24 (34): 1 – 25.

[173] REHMAN J U, AHMAD N, ULLAH N, et al. Health Risks in Different Age Group of Nitrate in Spring Water Used for Drinking in Harnai Balochistan Pakistan [J]. Ecology of Food and Nutrition, 2020, 59 (5): 132 – 149.

[174] RABINDRANATH B, SANJAYA K P. Assessment of groundwater quality for irrigation of green spaces in the Rourkela city of Odisha, India [J]. Groundwater for Sustainable Development, 2019, 8: 1 – 29.

[175] MAHMOUD A, ALSHARIFA H M. Assessing Water Quality of Kufranja Dam (Jordan) for Drinking and Irrigation: Application of the Water Quality Index [J]. Journal of Ecological Engineering, 2021, 22 (9): 159 – 175.

[176] ZHANG F C, WU B, GAO F, et al. Hydrochemical characteristics of groundwater and evaluation of water quality in arid area of Northwest China: a case study in the plain area of Kuitun River Basin [J]. Arabian Journal of Geosciences, 2021, 14 (20): 1 – 19.

[177] MOHD S U H, ABHISHEK K R. Groundwater quality assessment in the Lower Ganga Basin using entropy information theory and GIS [J]. Journal of Cleaner Production, 2020, 274: 1 – 13.

[178] YANG J, HUANG X. The 30m annual land cover dataset and its dynamics in China from 1990 to 2019 [J]. Earth System Science Data, 2021, 13 (8): 3907 – 3925.

[179] BISIMWA A M, AMISI F M, BAMAWA C M, et al. Water quality assessment and pollution source analysis in Bukavu urban rivers of the Lake Kivu basin (Eastern Democratic Republic of Congo) [J]. Environmental and Sustainability Indicators, 2022, 14: 1 – 10.

[180] JOSEPH A C. 2017 WHO Guidelines for Drinking – Water Quality: First Addendum to the Fourth Edition [J]. Journal – American Water Works Association, 2017, 109 (7): 1 – 12.

[181] RAM A, TIWARI S K, PANDEY H K, et al. Groundwater quality assessment using water quality index (WQI) under GIS framework [J]. Applied Water Science, 2021, 11 (2): 1 – 20.

[182] 方鸿慈. 我国饮用水水质评价中一个应注意的特殊问题 [J]. 中国地质, 1993 (4): 23.

[183] 宿彦鹏, 李巧, 陶洪飞, 等. 新疆奎屯河流域地下水砷超标原因分析 [J]. 长江科学

院院报，2022，39（3）：54－59.

[184] 江军，鲜虎胜，李巧，等 . 奎屯河流域地下水地球化学特征及其对砷运移的影响[J].
环境化学，2021，40（6）：1775－1786.

[185] MANOUCHEHR A，KIM M，KARIM C A，et al. Statistical modeling of global geo-
genic fluoride contamination in groundwaters［J］. Environmental Science and
Techology，2008，42：3662－3668.

[186] GUO H，ZHANG D，NI P，et al. Hydrogeological and Geochemical Comparison of
High Arsenic Groundwaters in Inland Basins［J］. Procedia Earth and Planetary Science，
2017，17：416－419.

[187] ENAMUL H，CHUNLI S，SHAH F，et al. Distribution and hydrogeochemical behav-
ior of arsenic enriched groundwater in the sedimentary aquifer comparison between Da-
tong Basin（China）and Kushtia District（Bangladesh）［J］. Environmental Science and
Pollution Research，2018，25（16）：1－14.

[188] 郭华明，王焰新，李永敏 . 山阴水砷中毒区地下水砷的富集因素分析［J］. 环境科学，
2003，24（4）：60－67.

[189] 张丽萍，谢先军，李俊霞，等 . 大同盆地地下水中砷的形态、分布及其富集过程研究
［J］. 地质科技情报，2014，33（1）：178－184.

[190] 严克涛，郭清海，刘明亮 . 西藏搭格架高温热泉中砷的地球化学异常及其存在形态
［J］. 吉林大学学报（地球科学版），2019，49（2）：548－558.

[191] 张昌延，何江涛，张小文，等 . 珠江三角洲高砷地下水赋存环境特征及成因分析[J].
环境科学，2018，39（8）：3631－3639.

[192] 马玉玲，马杰，陈雅丽，等 . 水铁矿及其胶体对砷的吸附与吸附形态［J］. 环境科学，
2018，39（1）：179－186.

[193] 倪萍 . 河套盆地含水层沉积物赋存态砷及对地下水砷富集的影响［D］. 北京：中国地
质大学，2016.

[194] ROBERTSON F N. Arsenic in groundwater under oxidizing conditions，south－west U-
nited States［J］. Environmental Geochemistry and Health，1989，11（11）：171－185.

[195] SEYED K G，ATA S，BEHZAD M，et al. Hydrogeochemistry circulation path and ar-
senic distribution in Tahlab aquifer East of Taftan Volcano SE Iran［J］. Applied Geo-
chemistry，2020，119.

[196] WANG Y，LI J，MA T，et al. Genesis of geogenic contaminated groundwater：As F
an－d I［J］. Critical Reviews In Environmental Science And Technology，2021，24
（51）：2895－2933.

[197] QUICKSALL A N，BOSTICK B C，SAMPSON M. Linking organic matter deposition
and iron mineral transformations to groundwater arsenic levels in the Mekong delta
Cambodia［J］. Applied Geochemistry，2008，23：3088－3098.

[198] 汤洁，卞建民，李昭阳，等 . 中国饮水型砷中毒区的水化学环境与砷中毒关系［J］.
生态毒理学报，2013，8（2）：222－229.

[199] MCARTHUR J M，NATH B，BANERJEE D M，et al. Palaeosol control on groundw-
ater flow and pollutant distribution：The example of arsenic［J］. Environmental
Science& Technology，2011，45（4）：1376－1383.

[200] WANG W, DUAN L, YANG X T, et al. Shallow groundwater hydrochemical evolution and simulation with special focus on Guanzhong Basin, China [J]. Environmental Engineering and Management Journal, 2013, 12 (7): 1447 - 1455.

[201] 鲁宗杰, 邓娅敏, 杜尧, 等. 江汉平原高砷地下水中 DOM 三维荧光特征及其指示意义 [J]. 地球科学, 2017, 42 (5): 772 - 779.

[202] 秦艳艳, 王耀辉, 朱宇, 等. 低电压电解模拟高砷地下水中 As(Ⅲ) 的转化研究[J]. 环境科学与技术, 2015, 38 (7): 112 - 118.

[203] 郭华明, 王焰新, 李永敏. 山阴水砷中毒区地下水砷的富集因素分析 [J]. 环境科学, 2003, 24 (4): 60 - 67.

[204] 马杰. 砷在含水介质中迁移转化的胶体效应 [D]. 北京: 中国地质大学, 2016.

[205] 段艳华, 甘义群, 郭欣欣, 等. 江汉平原高砷地下水检测场水化学特征及砷富集影响因素分析 [J]. 地质科技情报, 2014, 33 (2): 4 - 8.

[206] 国家环境保护总局. 地下水环境监测技术规范: HL/T 164—2004 [S]. 北京: 中国环境科学出版社, 2004.

[207] 卞建民, 查恩爽, 汤洁, 等. 吉林西部砷中毒区高砷地下水反向地球化学模拟 [J]. 吉林大学学报 (地球科学版), 2010, 40 (5): 1098 - 1103.

[208] 赵江涛, 周金龙, 梁川, 等. 新疆焉耆盆地平原区地下水反向水文地球化学模拟[J]. 干旱区资源与环境, 2017, 31 (10): 65 - 70.

[209] 吕晓立, 刘景涛, 周冰, 等. 塔城盆地地下水 "三氮" 污染特征及成因[J]. 水文地质工程地质, 2019, 46 (2): 42 - 50.

[210] 黄中情, 杨常亮, 张璟, 等. 碳酸氢盐对沉积物中砷迁移转化的影响 [J]. 环境科学与技术, 2020, 43 (11): 69 - 75.

[211] 罗艳丽, 李晶, 蒋平安, 等. 新疆高砷地区地下水水化学特征及其成因分析 [J]. 干旱区资源与环境, 2017, 31 (8): 116 - 121.

[212] 吕晓立, 刘景涛, 周冰, 等. 塔城盆地地下水氟分布特征及富集机理 [J]. 地学前缘, 2021, 28 (2): 426 - 436.

[213] 陈劲松, 周金龙, 曾妍妍, 等. 新疆阿克苏地区平原区高砷地下水分布特征及富集因素分析 [J]. 环境化学, 2021, 40 (1): 254 - 262.

[214] 梁梦钰, 郭华明, 李晓萌, 等. 贵德盆地三河流域高砷地下水中溶解性有机物三维荧光特性及其指示意义 [J]. 地学前缘, 2019, 26 (3): 243 - 254.

[215] 王翔, 罗艳丽, 邓雯文. 新疆奎屯地区高氟地下水的水化学特征及成因分析 [J]. 干旱区资源与环境, 2021, 35 (2): 102 - 108.

[216] SCHOLLER H. Qualitative evaluation of groundwater resource: Methods and techniques of groundwater investigation and development [J]. Water Research, 1967, 33: 44 - 52.

[217] 谢英荷, 洪坚平, 徐芝灵, 等. 山西省五台山区土壤氟元素的环境背景值及分布规律 [J]. 农村生态环境, 1995 (1): 34 - 35, 39.

[218] 曹金亮. 豫东平原高氟水赋存形态及形成机理研究 [D]. 武汉: 中国地质大学, 2013.

[219] 徐冬生. 淮北平原钙质结核土与高氟水的形成关系研究 [D]. 合肥: 合肥工业大学, 2010.

[220]   GAN C D, GAN Z W, CUI S F, et al. Agricultural activities impact on soil and sediment fluorine and perfluorinated compounds in an endemic fluorosis area [J]. Science of the Total Environment, 2021, 771.

[221]   江军. 奎屯河流域地下水及沉积物特征对含水层砷的影响 [D]. 乌鲁木齐: 新疆农业大学, 2021.

[222]   邵琳琳, 杨胜科, 王文科, 等. 奎屯河流域水土中氟的分布规律 [J]. 地球科学与环境学报, 2006, 28 (4): 64-68.

[223]   赵磊, 胡兆国, 华北, 等. 准噶尔盆地西缘车排子镇地区砂岩型铀矿成矿潜力及找矿方向 [J]. 地质与勘探, 2021, 57 (3): 507-517.

[224]   马磊, 黄毅, 邓浩, 等. 氟磷灰石对酸性水溶液中铀 (Ⅵ) 的去除研究 [J]. 无机材料学报, 2022, 37 (4): 395-405.

[225]   杨金燕, 苟敏. 中国土壤氟污染研究现状 [J]. 生态环境学报, 2017, 26 (3): 506-513.

[226]   QIAO C, DECHENG H, Jiuchuan Wei, et al. The influence of high-fluorine groundwater on surface soil fluorine levels and their FTIR characteristics [J]. Arabian Journal of Geosciences, 2020, 13 (1): 4513-4522.

[227]   洪里. 新疆奎屯北部车排子地区高氟、高砷水的病害与形成环境的初步研究 [J]. 新疆环境保护, 1983, (4): 22-28.

[228]   熊如意. 外加砷源对土壤微生物数量及生态的影响研究 [D]. 广州: 广东工业大学, 2008.

[229]   SARKAR A, PAUL B. The globle meance of arsenic and its conventional remediation - A critical review [J]. Chemosphere, 2016, 158: 37-49.

[230]   WANG Y X, LI P, GUO Q H, et al. Environmental biogeochemistry of high arsenic geothermal fluids [J]. Applied Geochemistry, 2018, 97: 81-92.

[231]   LI P, WANG Y, JIANG Z, et al. Microbial diversity in high arsenic groundwater in Hetao Basin of Inner Mongolia, China [J]. Geomicrobiology journal, 2013, 30 (10): 897-909.

[232]   LI P, JIANG D, LI B, et al. Comparative survey of bacterial and archaeal communities in high arsenic shallow aquifers using 454 pyrosequencing and traditional methods [J]. Ecotoxicology, 2014, 23 (10): 1878-1889.

[233]   邵海晨, 汪劲松, 李娇妮, 等. 白瓷板比色法鉴定砷耐受菌 Pseudomonas taiwanensis 11 [J]. 化学与生物工程, 2019 (9): 39-43.

[234]   KARN S K, PAN X. Role of Acinetobacter sp. in arsenite As(Ⅲ) oxidation and reducing its mobility in soil [J]. Chemistry and Ecology, 2016, 32 (5): 460-471.

[235]   SHEIK C S, MITCHELL T W, RIZVI F Z, et al. Exposure of soil microbial communities to chromium and arsenic alters their diversity and structure [J]. PLo S ONE, 2012, 7 (6): 115-118.

[236]   AMEND J P, SALTIKOV C, LU G S, et al. Microbial Arsenic Metabolism and eaction Energetics [J]. Reviews in Mineralogy & Geochemistry, 2014, 79 (1): 391-433.

[237]   戴维. 河套盆地高砷地下水系统微生物群落结构与功能基因特征 [D]. 北京: 中国地

质大学，2020.

[238] SUTTON N B, KRAAN G M, LOOSDRECHT M C M, et al. Characterization of geochemical constituents and bacterial populations associated with As mobilization in deep and shallow tube wells in Bangladesh [J]. Water Research, 2009, 43 (6): 1720 - 1730.

[239] 丁苏苏. 厌氧土著砷还原菌的特性及其对砷和铁迁移转化的影响 [D]. 北京：中国地质大学，2020.

[240] JONES R T, ROBESON M S, LAUBER C L, et al. A comprehensive survey of soil acidobacterial diversity using pyrosequencing and clone library analyses [J]. Isme Journal, 2009, 3 (4): 442 - 453.

[241] 黄臣臣. 铁还原菌对土壤胶体与砷相互作用的影响研究 [D]. 贵阳：贵州大学，2019.

[242] 白杨. 农田土吸附/解吸氮素对地下水的影响研究 [D]. 阜新：辽宁工程技术大学，2014.

[243] 柯添添. 高砷地下水系统微生物群落结构和砷转化功能微生物多样性 [D]. 北京：中国地质大学，2019.

[244] HE X D, LI P Y, WANG Y H, et al. Groundwater Arsenic and Fluoride and Associated Arsenicosis and Fluorosis in China: Occurrence, Distribution and Management [J]. Exposure and Health, 2020, 12 (3): 1 - 14.

[245] GUO H, LIU Z, DING S, et al. Arsenate reduction and mobilization in the presence of indigenous aerobic bacteria obtained from high arsenic aquifers of the Hetao basin, Inner Mongolia [J]. Environmental Pollution, 2015, 203: 50 - 59.

[246] 任海伟. 基于高通量测序分析明胶加工废水处理过程中的微生物菌群差异性 [J]. 应用与环境生物学报，2020, 26 (6): 1 - 13.

[247] WANG Y, LI P, LI B, et al. Bacterial diversity and community structure in high arsenic aquifers in Hetao Plain of Inner Mongolia, China [J]. Geomicrobiology Journal, 2014, 31: 338 - 349.

[248] SANDIP S S, CHANDAN M, PUSHPANJALI M. Simultaneous influence of indigenous microorganism along with abiotic factors controlling arsenic mobilization in Brahmaputra floodplain, India [J]. Journal of Contaminant Hydrology, 2018, 213: 1 - 14.

[249] LIN G B, WANG K, HE X M, et al. Characterization of physicochemical parameters and bioavailable heavy metals and their interactions with microbial community in arsenic - contaminated soils and sediments [J]. Environmental Science and Pollution Research International, 2022, 29 (33): 49672 - 49683.

[250] MOHAPATRA B, SAHA A, CHOWDHURY A N, et al. Geochemical, metagenomic, and physiological characterization of the multifaceted interaction between microbiome of an arsenic contaminated groundwater and aquifer sediment [J]. Journal of Hazardous Materials, 2021, 412 (prepublish): 125099.

[251] 陈心桐，徐天乐，李雪静，等. 中国北方自然生态系统土壤有机碳含量及其影响因素 [J]. 生态学杂志，2019, 38 (4): 1133 - 1140.

［252］ APPLEO C A，WEIDEN M J，TOURNASSAT C，et al. Surface complexation of fer-
rous iron and carbonate on ferrihydrite and the mobilization of arsenic ［J］.
Environmental Science & Technology，2002，36（14）：3096 – 3103.

［253］ LI P，WANG Y H，ZHOU J，et al. Microbial Diversity in High Arsenic Groundwater
in Hetao Basin of Inner Mongolia，China ［J］. Geomicrobiology Journal，2013，10：
897 – 909.

［254］ 杨红薇，陈佼，张建强. K^+、Ca^{2+}、Mg^{2+} 对高盐肝素废水处理的影响 ［J］. 环境工
程学报，2014，8（10）：4267 – 4272.

［255］ NORDSTROM D K. Worldwide Occurrences of Arsenic in Ground Water ［J］. Science，
2002，296（5576）.